住房城乡建设部土建类学科专业"十三五"规划教材

U0294605

房 地 产 类 专 业 适 用

FANGDICHANLEI ZHUANYE SHIYONG

房屋检验理论与实务

应佐萍　主　编
桑轶菲　富　顺　罗　琪　副主编
吴建华　洪正东　主　审

中国建筑工业出版社

图书在版编目（CIP）数据

房屋检验理论与实务：房地产类专业适用／应佐萍
主编．—北京：中国建筑工业出版社，2020.9
住房城乡建设部土建类学科专业"十三五"规划教材
ISBN 978-7-112-25431-6

Ⅰ．①房… Ⅱ．①应… Ⅲ．①房屋－工程验收－高等
职业教育－教材 Ⅳ.①TU712

中国版本图书馆CIP数据核字（2020）第170984号

本书从房屋检验所需基本知识出发，结合项目实例，体现信息技术在检测行业的应用，系统阐述房屋全生命周期的开发建设、交付、使用及改造过程的质量检验理论知识、技能与实践操作。内容包括房屋基本知识、房屋检验基本知识、地基基础检验、常见结构检验、商品房分户验收、室内环境（空气）检测、老旧房屋监测、改造和加固以及装修房成品保护与整改。

本书每个模块除本章要点、知识目标与能力目标外，针对章节内容还配备了操作训练，以检验知识的应用和技能的掌握。通过本书学习，读者可以掌握房屋检验基本理论、技术与方法，熟悉新技术、新设备在房屋检验中的应用，了解"互联网＋"智慧检测技术，具备房屋交付验收、成品检验的操作技能。

为更好地支持相应课程的教学，我们向采用本书作为教材的教师提供教学课件，有需要者可与出版社联系，邮箱：kejian_cabp@126.com。

责任编辑：张　晶　牟琳琳
版式设计：锋尚设计
责任校对：党　蕾

住房城乡建设部土建类学科专业"十三五"规划教材
房屋检验理论与实务
（房地产类专业适用）
应佐萍　主　编
桑轶菲　富　顺　罗　琪　副主编
吴建华　洪正东　主　审
*
中国建筑工业出版社出版、发行（北京海淀三里河路9号）
各地新华书店、建筑书店经销
北京锋尚制版有限公司制版
北京建筑工业印刷厂印刷
*
开本：787毫米×1092毫米　1/16　印张：12¼　字数：271千字
2021年3月第一版　2021年3月第一次印刷
定价：36.00元（赠课件）
ISBN 978－7－112－25431－6
（36407）

教材编审委员会名单

主　任：何　辉

副主任：陈锡宝　武　敬　郑细珠

秘　书：陈旭平

委　员：（按姓氏笔画排序）

　　　　王　钊　邓培林　冯占红　刘　霁　刘合森

　　　　孙建萍　杨　晶　杨　锐　杨光辉　谷学良

　　　　陈林杰　陈慕杰　周建华　孟庆杰　章鸿雁

　　　　斯　庆　谢希钢

序　言

全国住房和城乡建设职业教育教学指导委员会房地产类专业指导委员会（以下简称"房地产类专指委"），是受教育部委托，由住房和城乡建设部组建管理的专家组织。其主要工作职责是在教育部、住房和城乡建设部、全国住房和城乡建设职业教育教学指导委员会的领导下，负责住房和城乡建设职业教育的研究、指导、咨询和服务工作。按照培养高端技术技能型人才的要求，围绕房地产类的就业领域和岗位群研制高等职业教育房地产类专业的教学标准，研制房地产经营与管理、房地产检测与估价、物业管理和城市信息化管理等房地产类专业的教学基本要求及顶岗实习导则，持续开发和完善"校企合作、工学结合"及理论与实践紧密结合的特色教材。

高等职业教育房地产类的房地产经营与管理和房地产检测与估价（原房地产经营与估价专业）、物业管理等专业教材自2000年开发以来，经过"优秀评估""示范校建设""骨干院校建设"等标志性的专业建设历程和普通高等教育"十一五"国家级规划教材、"十二五"国家级规划教材、教育部普通高等教育精品教材等建设经历，已经形成了具有房地产行业特色的教材体系。发展至今又新开发了城市信息化管理专业教材建设，以适应智慧城市信息化建设需求。

根据住房和城乡建设部人事司《全国住房和城乡职业教育教学指导委员会关于召开高等职业教育土木建筑大类专业"十三五"规划教材选题评审会议的通知》（建人专函[2016]3号）的要求，2016年7月，房地产类专指委组织专家组对规划教材进行了细致地研讨和遴选。2017年7月，房地产类专指委组织召开住房和城乡建设部土建类学科房地产类专业"十三五"规划教材主编工作会议，专指委主任委员、副主任委员、专指委委员、教材主编教师、行业和企业代表及中国建筑工业出版社编辑等参加了教材撰写研讨会，共同研究、讨论并优化了教材编写大纲、配套数字化教学资源建设等方面内容。这次会议为"十三五"规划教材建设打下了坚实的基础。

近年来，随着国家房地产相关政策的不断完善、城市信息化的推进、装配式建筑和全装修住宅推广等，房地产类专业的人才培养目标、知识结构、能力架构等都需要更新和补充。房地产类专指委研制完成的教学基本要求和专业标准，为本系列教材的编写提供了指导和依据，使房地产类专业教材在培养高素质人才的过程中更加具有针对性和实用性。

本系列教材内容根据行业最新政策、相关法律法规和规范标准编写，在保证内容正确和先进性的同时，还配套了部分数字化教学资源，方便教师教学和学生学习。

本系列教材的编写，继承了房地产类专指委一贯坚持的"以就业为导向，以能力为本位，以岗位需求和职业能力标准为依据，以促进学生的职业发展生涯为目标"的指导思想，该系列教材必将为我国高等职业教育房地产类专业的人才培养作出贡献。

全国住房和城乡建设职业教育教学指导委员会

房地产类专业指导委员会

2017年11月

前　言

　　2018年1～12月，全国房地产开发投资120264亿元，其中住宅投资85192亿元，占比70.8%。房地产开发企业房屋施工面积822300万m^2，房屋竣工面积93550万m^2。房地产业发展迅猛，随之而来的因房屋质量存在缺陷而引发的高投诉率以及大量商品房质量纠纷，越来越引起政府部门及社会各界的高度关注。

　　本书为住房城乡建设部土建类学科专业"十三五"规划教材，基于房屋开发建设、交付和使用改造全生命周期的质量安全，结合"互联网+"检测行业发展，我们编写了本书。本书内容共分8章，主要包括房屋基本知识，房屋检验基本知识，地基基础检验，常见结构检验，商品房分户验收，室内环境（空气）检测，老旧房屋监测、改造和加固以及装修房成品保护与整改。

　　本书注重理论与实际相结合，注重高职课程教学特色，每章以案例导入开始，依托相关法规、规范结合检验仪器阐述知识与技能，配以大量图片加深理解，便于使用者自主学习。每章附有本章要点、知识目标、能力目标和关键概念，并安排针对性的实践操作训练供读者学习巩固。本书可作为高职院校房地产检测与估价、房地产经营与管理、物业管理以及相关专业的教材和指导书，也可作为住宅交付、房屋检测和危房监测等从业人员的培训参考书。

　　本书由浙江建设职业技术学院应佐萍担任主编，浙江科技学院吴建华教授和浙江兴红建设工程检测有限公司洪正东高级工程师担任主审。浙江建设职业技术学院桑轶菲、内蒙古建筑职业技术学院富顺、浙江中能工程检测有限公司罗琪担任副主编，全书由浙江建设职业技术学院应佐萍负责统稿。其中：浙江建设职业技术学院应佐萍编写第1、2、6、8章，桑轶菲编写第2、5章，朱群红和张宸联合编写第1章；内蒙古建筑职业技术学院富顺编写第3、4章，浙江中能工程检测有限公司罗琪、夏建锋编写第7章。绿城服务集团有限公司焦锦为本书提供了有关资料和案例。本书在编写过程中，参考和引用了国内外部分文献资料、网络资料和著作，由于时间仓促及作者地址不详，无法一一取得联系，在此谨向原书作者表示衷心感谢。由于编者水平有限，本书难免存在不足和疏漏之处，敬请各位读者批评指正。

目　录

房屋基本知识 1

本章要点

本章主要阐述房屋基本结构，土地使用权的获取，房屋的基本属性、种类，房屋交付的基本条件，房地产开发运营管理过程的基本知识以及房屋基本构造和图纸识读。

知识目标

掌握房屋基本结构；掌握房地产基本概念和知识；熟悉房屋基本构造；了解土地出让方式和市场；了解房地产行业。

能力目标

能看懂房屋基本构造；会住宅构造图纸识图。

【引例】

2012年5月10日，广西柳州市柳南区帽合村一房屋底部塌陷出深坑（图1-1），部分墙体垮塌。当日，广西柳州市柳南区南环街道办事处帽合村发生严重地质灾害，地面塌陷受灾面积约4万 m^2，这一地区位于城乡接合部，有民房和工厂，目前已有多栋房屋倒塌，路边可见拳头宽的裂缝，造成人员伤亡。专家初判为塌陷区下伏岩溶发育、覆盖土层有土洞和软弱土体以及地下水位波动影响引起的一起自然因素的岩溶地面塌陷地质灾害。

图1-1　塌陷的地基

1.1　房屋建筑结构基本知识

房地产以建筑业为依托，建筑学的许多知识是房屋检验、房屋检测与监测、成品保护及整修的必备知识，是否具备这方面的专业知识是衡量从业人员职业素养的标准之一。房屋建筑结构，建筑工艺以及建筑材料的使用，室内装修的质量、档次都直接影响房地产商品的价值和使用价值，决定建筑成本的高低，成为项目是否符合要求的标志。

1.1.1　地基基础

1．地基概念

地基不属于建筑的组成部分，它是地球的一部分，在保证建筑物的耐久性方面发挥了非常重要的作用。因此，一般对于地基的解释是指承受上部结构荷载影响的那一部分土体，是建筑基础下面承受建筑物全部荷载的土体或岩体。

作为建筑地基的土层分为岩石、碎石土、砂土、粉土、黏性土和人工填土。地基有天然地基和人工地基（复合地基）两类。天然地基是可以直接在上面建造而不需要人为加固的天然土层。人工地基需要人工加固处理，常见的有：碎石垫层、砂垫层、混合灰土回填再夯实等。

2．地基的常规要求

强度——地基要具有足够的承载力。

变形——地基的沉降量需控制在一定范围内，同一建筑物的不同部位的地基沉降差不能太大，否则建筑物上部会开裂变形。

稳定——地基要有防止产生倾覆、失稳方面的能力。

压力——适当的压力。

3．地基的种类

从现场施工的角度来讲，地基可分为天然地基和人工地基。

天然地基是自然条件下就能够满足承担全部的基础荷载要求，不需要进行人工加固的天然土层，它分为四大类：岩石、碎石土、砂土、黏性土。采用天然地基可以节约工程造价。

人工地基是指经过人工处理或改良的地基。当土层的地质状况较好，承载力较强时可以采用天然地基；而在地质状况不佳的条件下，如坡地、沙地或淤泥地质，或虽然土层质地较好，但上部荷载过大时，为使地基具有足够的承载能力，则要采用人工加固地基，即人工地基。

4．地基的设计

为了使建筑物安全、正常地使用而不遭到破坏，要求地基在荷载作用下不能产生破坏；组成地基的土层因膨胀收缩、压缩、冻胀、湿陷等原因产生的变形不能过大。

在进行地基设计时，要考虑：

（1）基础底面的单位面积压力小于地基的容许承载力。

（2）建筑物的沉降值小于变形允许值。

（3）地基无滑动的危险。

由于建筑物的大小不同，对地基的强弱程度的要求也不同，地基设计必须从实际情况出发考虑三个方面的要求。有时只需考虑其中的一个方面，有时则需考虑其中的两个或三个方面。若上述要求达不到时，就要对基础设计方案作相应的修改或进行地基处理（对地基内的土层采取物理或化学的技术处理，如表面夯实、土桩挤密、振冲、预压、化学加固或就地拌合桩等方法），以改善其结构性质，达到建筑物对地基设计的要求。

5．地基处理

在建筑学中地基的处理是十分重要的，上层建筑是否牢固地基有无可替代的作用。建筑物的地基不够好，上层建筑很可能倒塌，这样说一点也不为过，而地基处理的主要目的是采用各种地基处理方法以改善地基条件。

地基处理的对象是软弱地基和特殊土地基。我国《建筑地基基础设计规范》GB 50007—2011中明确规定："软弱地基是指主要由淤泥、淤泥质土、冲填土、杂填土或其他高压缩性土层构成的地基"。

特殊土地基带有地区性的特点，它包括软土、湿陷性黄土、膨胀土、红黏土和冻土等地基。

6．地基的改善措施

（1）改善剪切特性

地基的剪切破坏表现在建筑物的地基承载力不够；使结构失稳或土方开挖时边坡失稳；使邻近地基产生隆起或基坑开挖时坑底隆起。因此，为了防止剪切破坏，就需要采取提高地基土的抗剪强度的措施。

（2）改善压缩特性

地基的高压缩性表现在建筑物的沉降和差异沉降大，因此需要采取措施提高地基土的压缩模量。

（3）改善透水特性

地基的透水性表现在堤坝、房屋等基础产生的地基渗漏；基坑开挖过程中产生流砂和管涌。因此需要采取使地基土变成不透水或降低其水压力的措施。

（4）改善动力特性

地基的动力特性表现在地震时粉尘、砂土将会产生液化；由于交通荷载或打桩等原因，使邻近地基产生振动下沉。因此需要研究和采取使地基土防止液化，并改善振动特性以提高地基抗震性能的措施。

（5）改善特殊土的不良地基的特性

改善特殊土的不良地基主要是指消除或减少黄土的湿陷性和膨胀土的胀缩性等地基处理的措施。

1.1.2　上部结构

对于房屋建筑来说，上部结构一般是指基础顶端以上的部分，但对于隔震结构来说，上部结构是指隔震层以上的部分；对于桥梁来说，上部结构是指在线路遇到障碍而中断时，跨越这类障碍的主要承载结构。总的来说，上部结构是相对于下部结构或是基础而言的，上部结构的设计是结构设计中的重要组成部分。

在房屋建筑物中，上部结构一般包括柱、梁、板等基本构件。

柱是建筑物中的主要竖向结构构件，承受其上方的结构自重及荷载。

在我国建筑中，横梁直柱，柱阵列负责承托梁架结构及其他部分的重量。另外，亦有其他较小的柱，不置于地基之上，而是置于梁上，以承受其上方的结构自重及荷载，再通过梁架结构，把重量传至主柱之上。

柱按截面形式分：方柱、圆柱、管柱、矩形柱、工字形柱、H形柱、T形柱、L形柱、十字形柱、双肢柱、格构柱。

柱按所用材料分：石柱、砖柱、砌块柱、木柱、钢柱、钢筋混凝土柱、劲性钢筋混凝土柱、钢管混凝土柱和各种组合柱。

柱按长细比分为：短柱、长柱及中长柱。短柱在轴心荷载作用下的破坏主要是材料强度破坏，长柱在同样荷载作用下的破坏是屈曲，丧失稳定。

总而言之，柱是结构中极为重要的部分，柱的破坏将导致整个结构的损坏与倒塌。

梁是指由支座支承，承受的外力以横向力和剪力为主，以弯曲为主要变形的构件。梁承托着建筑物上部构架中的构件及屋面的全部重量，是建筑上部构架中最为重要的部分。依据梁的具体位置、详细形状、具体作用等的不同有不同的名称。大多数梁的方向，都与建筑物的横断面一致。

从功能上分，有结构梁，如基础地梁、框架梁等；与柱、承重墙等竖向构件共同构成空间结构体系，有构造梁，如圈梁、过梁、连系梁等，起到抗裂、抗震、稳定等构造性作用。

梁按照结构工程属性可分为：框架梁、剪力墙支承的框架梁、内框架梁、梁、砌体墙梁、砌体过梁、剪力墙连梁、剪力墙暗梁、剪力墙边框梁。

从施工工艺分，有现浇梁、预制梁等。

从材料上分，工程中常用的有型钢梁、钢筋混凝土梁、木梁、钢包混凝土梁等。

从截面形式分，矩形截面梁、T形截面梁、十字形截面梁、工字形截面梁、匚形截面梁、口形截面梁、不规则截面梁。

从受力状态分，可分为静定梁和超静定梁。静定梁是指几何不变，且无多余约束的梁。超静定梁是指几何不变，且有多余约束的梁。

梁按照其在房屋的不同部位，可分为：屋面梁、楼面梁、地下框架梁、基础梁。

板是支承在梁或柱、墙上，主要承受竖向荷载的水平构件。楼板也是墙、柱水平方向的支撑及联系构件，保持墙柱的稳定性，并能承受水平方向传来的荷载（如风荷载、地震荷载），并把这些荷载传给墙、柱，再由墙、柱传给基础。

楼板按所用材料的不同分为木楼板、砖拱楼板、钢筋混凝土楼板、压型钢板楼板，装配式叠合楼板。

楼板能起到保温、隔热等围护功能，还能保持上下层互不干扰起到隔声作用。房间的功能确定以后，一般楼板的容许承载范围也随即确定，在楼板使用过程中切记不可将荷载集中在一点以避免造成楼板断裂破坏。

1.2 房地产基本知识

1.2.1 房地产

房地产又称不动产，是房产和地产的总称。房产总是和地产联结为一体的，具有整体性和不可分割性。

房产：是指房屋经济形态，在法律上有明确的权属关系，在不同的所有者与使用者之间可以进行出租、出售或作其他用途的房屋。

地产：是指土地财产，在法律上有明确的权属关系，地产包括地面及其上下空间，地产和土地的根本区别就是有无权属关系。

1.2.2 房地产业

房地产业是以土地和建筑物为经营对象，从事房地产开发、建设、经营、管理以及维修、装饰和服务的集多种经济活动为一体的综合性产业。房地产业属于第三产业，主要包括房地产开发和房地产服务，后者又包含房地产估价、房地产经纪和房地产咨询。

1.2.3 房地产开发

（1）房地产开发是指在依法取得土地使用权的土地上按照使用性质的要求进行基础设施、房屋建筑的活动。

（2）地产开发是指是将"生地"开发成可供使用的土地（"熟地"）。

1.2.4 房地产产权

房地产产权是指产权人对房屋的所有权和对该房屋所占用土地的使用权。具体内容是指产权人在法律规定的范围内对其房地产的占有、使用、收益和处分的权利。

1.2.5 土地基本知识

1. 土地使用权出让

土地使用权出让是指国家以土地所有者的身份将土地的使用权在一定的年限内让给土地使用者，并由土地使用者向国家支付土地使用权出让金的行为。土地使用权的出让由当地政府土地管理部门与土地使用者（土地使用权的受让者）签订土地出让合同（图1-2）。

2. 土地使用权出让特征

（1）土地所有权与使用权分离。经出让取得土地使用权的单位和个人，在土地使用期限内没有所有权，只有使用权，即在使用土地期限内对土地拥有使用、占有、收益和处分权；土地使用权可以进入市场，可以进行转让、出租、抵押等经营活动。

（2）土地使用权出让是有偿的。获得土地使用权的受让者需要支付一定的出让金。

（a）

（b）

（c）

（d）

图1-2　土地使用权出让

（a）拍卖会现场；（b）土地储备宣传；（c）国有土地使用权证；（d）国有土地出让签约现场

（3）土地使用权出让是国家以土地所有者的身份与使用单位之间关于权利和义务的经济关系，因此具有平等、自愿、有偿、有期限的特点。

（4）土地使用权出让是有期限的。《中华人民共和国城镇国有土地使用权出让和转让暂行条例》第十二条规定了各类土地的最高出让年限，见表1-1。

各类土地使用年限 表1-1

用地类型	土地使用年限
居住用地	70年
工业用地	50年
教育、科技、文化、卫生、体育用地	50年
商业、旅游、娱乐用地	40年
综合或者其他用地	50年

3. 土地使用权出让方式

根据相关规定，国有土地使用权出让，即土地一级市场，一般有4种交易方式：协议、招标、拍卖及挂牌。其中后三者是通过市场公开交易的方式来出让土地使用权。《城市房地产管理法》第十三条规定："商业、旅游、娱乐、豪华住宅用地，有条件的，必须采取拍卖、招标方式；没有条件，不能采取拍卖、招标方式的，可以采取双方协议的方式。"究竟采用哪种方式，要根据出让土地的具体情况和土地用途来决定。

（1）协议出让方式

协议出让指土地使用权的受让方向市、县人民政府的土地管理部门提出有偿使用土地的申请，双方达成一致后出让土地的行为。该方式一般适用于公益事业、福利事业，如国家机关、教育、卫生等部门的用地出让。协议方式出让土地使用权时，应由市、县人民政府土地管理部门根据土地用途、建设规划要求、土地开发程度等情况，与受让申请人协商用地条件和土地使用权出让金，双方经过协商达成协议后，受让方便依据协议取得土地使用权。

（2）招标出让方式

招标出让国有建设用地使用权是指市、县人民政府国土资源行政主管部门（以下简称出让人）发布招标公告，邀请特定或者不特定的自然人、法人和其他组织参加国有建设用地使用权投标，根据投标结果确定国有建设用地使用权人的行为。

招标方式包括邀请招标和公开招标。招标出让土地使用权方式有利于公平竞争，适用于需要优化土地布局以及用于重大工程的较大地块土地的出让。

（3）拍卖出让方式

拍卖出让国有建设用地使用权是指出让人发布拍卖公告，由竞买人在指定时间、地点进行公开竞价，根据出价结果确定国有建设用地使用权人的行为。

拍卖出让土地使用权方式有利于公平竞争，主要适用于区位条件好、交通便利的闹市区以及土地利用上有较大灵活性的地块的出让。

（4）挂牌出让方式

挂牌出让国有建设用地使用权是指出让人发布挂牌公告，按公告规定的期限将拟出让宗地的交易条件在指定的土地交易场所挂牌公布，接受竞买人的报价申请并更新挂牌价格，根据挂牌期限截止时的出价结果或者现场竞价结果确定国有建设用地使用权人的行为。

挂牌出让综合体现了招标、拍卖和协议方式的优点，并同样是具有公开、公平、公正特点的国有土地使用权出让的重要方式，尤其适用于当前我国土地市场现状，具有招标、拍卖不具备的优势：一是挂牌时间长，且允许多次报价，有利于投资者理性决策和竞争；二是操作简便，易于开展；三是有利于土地有形市场的形成和运作。挂牌出让是招标拍卖方式出让国有土地使用权的重要补充。

4. 土地使用权划拨

土地使用权划拨是指经县级以上人民政府依法批准，在土地使用者缴纳补偿、安置等费用后，将该幅土地交付其使用，或者将其土地使用权无偿交付给土地使用者使用的行为。目前土地使用权划拨使用极少，土地使用权的划拨一般适用于国家机关、军事用地、城市基础建设和公益事业用地，以及国家重点扶持的能源、交通、水利等项目用地。廉租住房和部分经济适用住房项目用地，目前也是通过行政划拨方式供应。以行政划拨方式供应廉租住房和经济适用住房建设用地时，也逐步开始采用以未来住宅租售价格或政府回购价格为标的的公开招标方式。

通过划拨方式取得的土地使用权，必须按法定的程序办理手续后才能取得划拨土地使用权。其一般程序有8个环节，如图1-3所示。

图1-3　土地使用权划拨办事流程

5．"三通一平""五通一平"和"七通一平"

"三通一平""五通一平"和"七通一平"是指建筑中为了合理有序施工进行的前期准备工作，其中：

"三通一平"是指通水、通电、通路、平整土地。

"五通一平"是指通水、通电、通路、通信、通排水、平整土地。

"七通一平"则是即通给水、通排水、通电、通信、通路、通燃气、通热力以及场地平整。

其中"三通一平"指的是最基本的三项，这也是招标工程，必须具备的条件中重要组成部分。

1.2.6　房地产市场

房地产市场按增量存量通常分为一级市场、二级市场、三级市场。

一级市场是指国家以土地所有者和管理者的身份，将土地使用权出让给房地产经营者与使用者的交易市场，属于土地增量市场。

二级市场是指土地使用权出让后，由房地产经营者投资开发后，从事房屋出售、出租、土地转让、抵押等房地产交易或土地使用者转让土地使用权，属于土地存量或房产增量市场。

三级市场是指在二级市场的基础上再转让或出租的房地产交易，属于房产存量市场。

1.2.7　住宅类型

1．商品房

商品房是指开发商以市场地价取得土地使用权进行开发建设并经过自然资源局批准在市场上流通的房地产，它是可领独立房地产证并可转让、出租、继承、抵押、赠予、交换的房地产。商品房土地只能通过招拍挂方式获得。

2.保障性住房

保障性住房是与商品性住房相对应的一个概念，通常是指根据国家政策以及法律法规的规定，由政府统一规划、统筹，提供给特定的人群使用，并且对该类住房的建造标准和销售价格或租金标准给予限定，起社会保障作用的住房。一般由廉租住房、经济适用住房和政策性租赁住房构成。

3.普通住宅与非普通住宅

普通住宅与非普通住宅区别主要是根据容积率、面积、实际成交价格三个点进行划分的，详见表1-2。

普通住宅与非普通住宅的区别   表1-2

	容积率	单套建筑面积（m²）	实际成交价
普通住宅	住宅小区建筑容积率在1.0（含1.0）以上	140m²（含140m²）以下	低于同区域享受优惠政策住房平均交易价格1.2倍
非普通住宅	住宅小区建筑容积率在1.0以下	120m²（或上浮20%）以上	高于同级别土地住房平均交易价格1.2倍

普通住宅和非普通住宅交易时的契税、增值税等税收政策会有所不同，具体视各省市规定不一一相同，一般而言，普通住宅税率远低于非普通住宅。

4.毛坯房、全装修与精装修

毛坯房：毛坯房又称为"初装修房"，大多屋内只有门框没有门，墙面、地面仅做基础处理而未做表面处理（图1-4（a））。

全装修：建设部在2002年出台的商品住宅装修一次到位实施细则中，明确提出全装修的概念，是指房屋交钥匙或者是住宅交付使用前，户内所有功能空间的固定面全部铺装或粉刷完毕，厨房与卫生间的基本设备配备完毕，给水排水、燃气、空调与通风、照明供电以及智能化等系统基本安装到位。全装修并不是简单的毛坯房加装修，按建设部规定，住宅装修设计应该在住宅主体施工动工前进行。也就是说，住宅装修与土建安装必须进行一体化设计（图1-4（b））。

精装修：国家并没有"精装修"概念术语，与全装修相比，前者是装修的范围，精装修则是强调装修的规格与档次。两者的区别就在"全"与"精"之间。全不一定等于精，但精一般包含了全。通俗而言，全装修是低配置的精装修（图1-4（c））。

1.2.8 房产相关权证

1.三证

房屋所有权证、土地使用权证和契税证统称为"房产三证"，是房地产权属的法律凭证（图1-5）。

（a）　　　　　　　　　　（b）　　　　　　　　　　（c）

图1-4　住宅毛坯、全装修和精装修

（a）毛坯房；（b）全装修；（c）精装修

图1-5　房产"三证"

2. "五证"

房地产开发商在房地产市场上销售商品房，必须具备一定的条件，并且按照有关规定在房地产管理部门办理商品房销售的各种手续。其中"五证""两书"是最为重要的条件。

《国有土地使用证》：是证明土地使用者向国家支付土地使用权出让金，获得了在一定年限内某块国有土地使用权的法律凭证。

《建设用地规划许可证》：是建设单位在向土地管理部门申请征用、划拨土地前，经城市规划行政主管部门确认建设项目的位置和范围符合城市规划的法定凭证（通过"招、拍、挂"在出让前已经通过城市规划的标准）。

《建设工程规划许可证》：是有关建设工程符合城市规划要求的法律凭证。

《建筑工程施工许可证》：是有关建设工程符合项目开工的条件，可以进入施工阶段的凭证。

《商品房销售（预售）许可证》：是商品房进入市场的凭证，详见图1-6。

图1-6 "五证"

（a）国有土地使用证；（b）建设用地规划许可证；（c）建设工程规划许可证；
（d）建筑工程施工许可证；（e）商品房销售（预售）许可证

3．"两书"

房屋交付中的"两书"是指《住宅质量保证书》和《住宅使用说明书》。房地产开发企业在向用户交付销售的新建商品住宅时，必须提供《住宅质量保证书》和《住宅使用说明书》。《住宅质量保证书》可以作为商品房购销合同的补充约定。

（1）《住宅质量保证书》

《住宅质量保证书》是房地产开发企业对销售的商品住宅承担质量责任的法律文件，房地产开发企业应当按《住宅质量保证书》的约定，承担保修责任。商品住宅售出后，委托物业管理公司等单位维修的，应在《住宅质量保证书》中明示所委托的单位。《住宅质量保证书》应当包括以下内容：

1）工程质量监督部门核验的质量等级；

2）地基基础和主体结构在合理使用寿命年限内承担保修；

3）正常使用情况下各部位、部件的保修内容与保修期；

4）用户报修的单位，答复和处理的时限；

5）住宅保修期从开发企业将竣工验收的住宅交付用户使用之日起计算，保修期限不应低于本规定第五条规定的期限，房地产开发企业可以延长保修期。

（2）《住宅使用说明书》

《住宅使用说明书》是指住宅出售单位在交付住宅时提供给用户的，告知住宅安全、合理、方便使用及相关事项的文本。住宅使用说明书应当载明房屋平面布局、结构、附属设备、配套设施、详细的结构图（注明承重结构的位置）和不能占有、损坏、移装的住宅共有部位、共用设备以及住宅使用规定和禁止行为。根据规定，《住宅使用说明书》应作为住宅（每套）转让合同的附件。如在房屋使用中出现问题，说明书将成解决开发商与业主之间纠纷的重要依据。一般应当包含以下内容：

1）开发单位、设计单位、施工单位，委托监理的应注明监理单位；

2）结构类型；

3）装修、装饰注意事项；

4）上水、下水、电、燃气、热力、通信、消防等设施配置的说明；

5）有关设备、设施安装预留位置的说明和安装注意事项；

6）门、窗类型，使用注意事项；

7）配电负荷；

8）承重墙、保温墙、防水层、阳台等部位注意事项的说明；

9）其他需说明的问题。

1.2.9 商品房相关政策与制度

1. 房地产开发流程与证书

商品房预售制度是指开发商在建设中的房地产项目进行市场销售，由自然资源局制定的一项提前销售制度。只有取得了《预售许可证》才能销售。申请预售须备下列文件：

（1）《房地产开发企业资质证书》副本及复印件；

（2）《土地使用权出让合同书》和付清地价款证明（《国有土地使用证》）；

（3）《建设用地规划许可证》；

（4）《建设工程规划许可证》；

（5）《建筑工程施工许可证》。

2. 房地产买卖合同

房地产买卖合同是由房屋管理部门统一编制，用以明确买卖双方权利和义务的协议，所有的商品房销售都须签订此合同，目前，不管是内销的房产合同还是外销的都需要做公证。房地产买卖合同是买房人同卖房人之间签订的一种具有法律效力的文本合同。卖房人一般指的是房地产开发商。

房屋买卖合同是一方转移房屋所有权于另一方，另一方支付价款的合同。转移所有权的一方为出卖人或卖方，支付价款而取得所有权的一方为买受人或者买方。图1-7为浙江省商品房买卖合同规范文本。

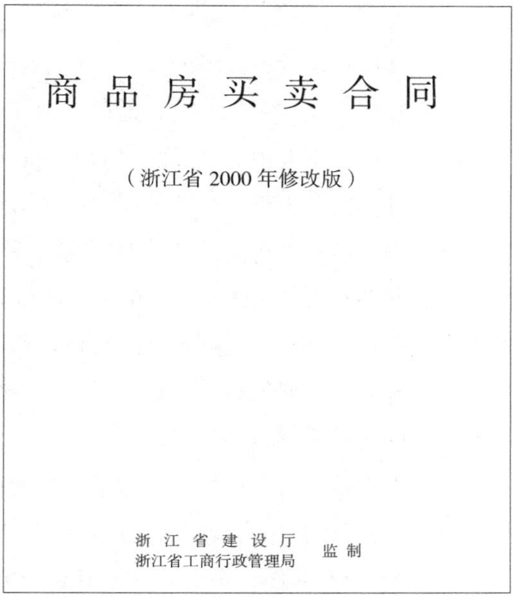

3. 银行按揭

是指购房者购买楼房时与银行达成抵押贷款的一种经济行为，业主先付一部分楼款，余款由银行代购房者支付，购房者的楼房所有权将抵押在银行，购房者将分期偿还银行的贷款及利息，这种方式称为银行按揭。

按揭是英语"Mortgage"一词的粤语音译，在中国人民银行和各商业银行的正

商 品 房 买 卖 合 同

（浙江省 2000 年修改版）

浙 江 省 建 设 厅
浙江省工商行政管理局　监 制

图1-7　商品房买卖合同文本

式文件中称为"个人住房抵押贷款"，指银行向具有完全民事行为能力的自然人发放的用于购买自住住房、并以其所购产权房为抵押物，作为偿还贷款的保证，按月偿还贷款本息的一种贷款方式。分为个人住房商业性贷款（简称商业贷款）与个人住房公积金贷款（简称公积金贷款）。

4．房地产证公证

公证机关对房地产买卖、转让、抵押、赠予、继承等行为的合法性作法律公证。

1.2.10　住宅常见技术经济指标

（1）基底面积：是指建筑物首层的建筑面积。

（2）用地面积：指城市规划行政主管部门确定的建设用地位置和界线所围合的用地之水平投影面积。

（3）总建筑面积：指小区内住宅、公共建筑、商业、人防地下室等面积的总和。

（4）容积率：容积率是建筑总面积和建筑用地面积之比。

（5）建筑密度（覆盖率）：建筑密度等于建筑物底层占地面积与用地面积之比。

（6）绿化率：绿化率等于绿化面积与用地面积之比。

（7）均价：均价是指将各单位的销售价格相加之后的和除以单位建筑面积的和，即得出每平方米的均价。

（8）基价：基价也称为基础价，是指经过核算而确定的每平方米商品房基本价格。商品房的销售价一般以基价为基数增减楼层、朝向差价后而得出。

（9）起价：起价也称起步价，是指某物业各楼层销售价格中的最低价格。

1.2.11　住宅设计常见术语释义

（1）开放式设计：无隔断设计、利于空间较广，如餐厅、厨房或客厅。

（2）骑楼：有雨遮的一楼直道部分。

（3）阳台：指有雨遮有脚踏之面，没有挡风墙的突出建筑体外部分。

（4）外飘窗：突出于墙体的窗户，飘出尺寸在40～60cm。

（5）露台：指没有雨遮的，有脚踏的部分。

（6）玄关：玄关是入户门里1～2m的过渡空间。它的主要功能是让人在进门之后稍做停留，有换鞋、放雨伞的空间，同时也可以借助玄关对客厅的情况略做遮挡。

（7）外墙：指建筑物体表面。

（8）内墙：指建筑物内竖面。

（9）剪力墙：承受房屋水平荷载和竖向荷载的墙，不可以任意敲打。

（10）石膏板：用石膏制成，用以装饰顶棚的板块。

（11）卫浴三大件：指洗脸盆、浴盆、坐式马桶。

（12）厨具五大件：指洗涤池、料理台、吊柜、炉台、抽油烟机。

（13）格局：单元内分割情况。

（14）动线：行走习惯路线。

（15）销售率：指某一段时间内售出的房屋数百分比。

（16）平面价差：平面方位不同，价格的差异。

（17）垂直价差（楼层价差）：不同楼层价格差异。

1.3　房屋识图

1.3.1　建筑基本识图

1．图纸幅面及图框尺寸

幅面内应用标题栏和设计会签栏，幅面规格分别为0、1、2、3、4号共5种。图1-8为标准图纸边框，尺寸见表1-3（单位：mm）。

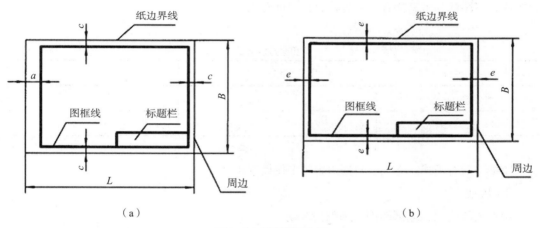

图1-8　标准图纸边框

（a）带有装订线的边框；（b）不带装订线的边框

标准图纸尺寸				表1-3
幅面代号	$B \times L$	e	c	a
A_0	841×1189	20	10	25
A_1	594×841	20	10	25
A_2	420×594	10	5	25
A_3	297×420	10	5	25
A_4	210×297	10	5	25

2. 图标和会签栏

常用图标格式及内容，见表1-4。其中工程名称指工程总名称，项目指总工程中的一个具体工程，图名常表明本张图的主要内容，设计号为设计部门对该工程的编号，图别表明本图所属工种各设计阶段，图号是图纸的编号。

常用图标格式 表1-4

设计单位全称		工程名称	
		项目	
审定		设计号	
校核		图别	
设计		图号	
制图		日期	

会签栏是各工种负责人签字的表格，其格式与内容见表1-5，近来一些设计单位为了简化图面，将图标和会签栏合在一起，放在图框右侧。

常见会签栏格式 表1-5

工种名称	姓名	签字

图纸一般有横式、立式，根据内容的安排而选用。

3. 轴线

用点划线表示，端部圆圈，圆圈内注明编号，水平方向用阿拉伯数字由左至右编号，垂直方向用英文字母由下往上编号，但O、I等特殊字母不能用作轴线编号（图1-9）。

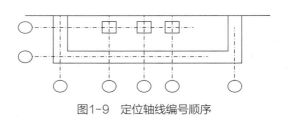

图1-9 定位轴线编号顺序

4. 尺寸及单位

尺寸由数字及单位组成，根据"图标"规定，总图以米（m）单位，其余均以毫米（mm）为单位，若按此规定，尺寸后面可不写单位（图1-10）。

5. 索引号

用途是索引，便于查找相互有关的图标内容，索引号的表示方法是把图中需要另画详图

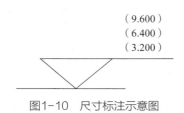

图1-10 尺寸标注示意图

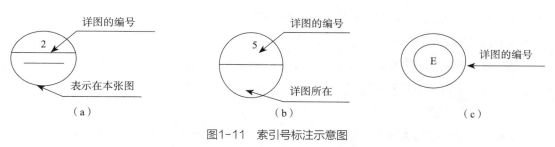

图1-11 索引号标注示意图

（a）详图在本张图；（b）详图不在本张图；（c）详图索引号

的部位编上索引号，索引号中的内容有两个，一是详图编号；二是详图所在图纸的编号（图1-11）。

6. 标高、层高、净高

建筑物各部分的高度用标高控制。表示符号为▽45°。下面横线为某处高度的界限，在符号的横线上注明标高数字。总平面图的室外地坪标高用符号"倒▲"表示。标高的单位用米（m）计，按"国际"规定，标高数字准确到毫米（mm），即注到小数点后面第三位。

标高分绝对标高和相对标高两种，我国青岛附近的黄海平均海平面定为绝对标高的零点，这就是一般所说的"海拔标高"，但为简明、方便起见，工程图纸一般都用"相对标高"，而把室内首层地面的绝对标高定为相对标高的重点，以"±0.000"表示，读作正负零零，高于它的为正值，一般不注明"+"号；低于它的负值，必须注"–"号。

建筑层高一般2.7～3.2m较为合适，太矮则不能满足健康、心理需求，但也并非越高越好，太高从节能需求而言也不太适合。

7. 指北针

可导明楼体、具体单元坐落的朝向，如图1-12所示。

1.3.2 施工图

一套完整的的施工图纸，根据其专业内容或作用不同，一般包括：

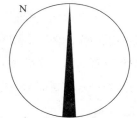

图1-12 指北针标注示意图

（1）图纸目录

图纸目录包括每张图纸的名称、内容、图纸编号，表明该工程施工图由哪几个专业的图纸以及哪些图纸组成，方便查找。

（2）设计总说明

设计总说明主要说明工程的概况和总的要求。内容一般应包括：设计依据（如设计规模、建筑面积以及有关地质、气象资料等）；设计标准（如建筑标准、结构荷载等级、抗震要求等）；施工要求（如施工技术、材料要求以及采用新技术或有特殊要求的做法说明）等。以上各项内容，对于简单的工程，也可以在各专业的图纸中写成文字说明。

（3）建筑施工图

建筑施工图包括总平面图、平面图、立面图、剖面图和构造详图。表示建筑物的内部布置情况，外部形状，以及装修、构造、施工要求等。

（4）结构施工图

结构施工图包括结构平面布置图和各构件的结构详图。表示承重结构的布置情况，构件类型，尺寸大小以及钢筋配置等。

（5）设备施工图

设备施工图包括给水排水、采暖通风、电气等设备的平面布置图、系统图、详图。表示上、下水及暖气管线布置，卫生设备及通风设备等的布置，电气线路的走向和安装要求。

1.3.3　建筑施工图

建筑图是用正投影原理绘制出来的。用立面图及屋顶平面图表示建筑的外部，用平面图及剖面图表示其内部，用大样图表示细部做法。

（1）立面图。立面图就是建筑四个面的正投影图，以建筑各个面的朝向命名，如南立面图就是指建筑朝南一面的正投影图。立面图主要表示建筑的外部形状大小、门窗、屋顶形式、外墙饰面等。

（2）平面图。假想用一水平面在建筑的窗台以上（距地约1m处）切开，去掉建筑上部，对余下部分的水平投影就叫平面图，切断部分用粗实线，可见部分用细实线表示。多层或高层建筑每层布置都不一样时，则每层都要画平面图。如果有许多层平面布置相同，可用一个平面图表示，称作标准层平面图。平面图可以俯视也可以仰视，如要表示顶棚装修的做法就可用仰视平面图。

（3）剖面图。假想用一铅垂面，沿建筑的竖直方向切开，去掉一部分，余留部分的正投影图就叫作剖面图。切断部分用粗线表示，可见部分用细线表示。按剖切方向不同分横剖面图和纵剖面图。平面图上要画出剖切符号以示剖切位置。剖切可以转折，但只允许转一次并用剖切符号在平面图上标明。剖面图主要表明建筑内部情况。

1.3.4　建筑施工图的主要内容

建筑施工图根据不同的工程性质及规模，图纸内容及数量有所不同。但从识图的角度来分析，它们有一定的共性，只要掌握基本图和详图的一般内容和表示方法，就可以举一反三看懂其他图纸。

1．总平面图

总平面图表明一个工程的总体布置。其基本内容如下：

（1）表明新建工程的总体布局，如用地范围、各建筑物的位置、道路、管网的布置等；

（2）表明新建工程与原有建筑之间的关系；

（3）表明建筑物首层地面的绝对标高、室外地坪、道路中心线交叉的绝对标高，地面坡高及地面水排出方向等。

2．平面图

平面图在全套施工图中起着纲领性的作用，它不仅反映了建筑的使用、空间、装修等情况，而且还大略地反映了各工种的部分情况。基本内容如下：

（1）建筑物的朝向、平面形状、内部布置，入口、走道、楼梯的位置等；

（2）用尺寸线和轴线表示建筑物的长度及各部分的位置；

（3）表明建筑物竖向承重结构形式；

（4）表明各层的地面标高；

（5）表明门窗编号、门的开启方向；

（6）表明剖面图的剖切位置及编号，详图索引号等；

（7）综合反映工艺、水、暖、电等专业对土建专业的要求；

（8）表明装修的做法；

（9）用图无法表示时采用文字说明。

3．立面图

立面图主要表示建筑的外形，是做外部装修的主要依据，其基本内容如下：

（1）表明建筑的外形及其细部，如飘窗、雨篷、檐口、阳台、台阶、雨水管等；

（2）用标高表示出建筑物总高度、各楼层高度以及门窗洞口等细部高度；

（3）表明外饰面所用材料、色彩及分格等；

（4）注明墙身详图位置及编号等。

4．剖面图

剖面图简要地表示建筑物的内部空间关系和结构形式等，其基本内容如下：

（1）表示建筑物各部位高度；

（2）剖面图中需要详细表示的部位，画出详图索引号；

（3）简要表示主要结构形式，如楼层、屋盖的梁、板、柱的相互关系。

5．构造详图

墙身详图是用比较大的比例尺详细、准确地表示墙身从防潮层到屋顶各个节点的材料及构造做法。墙身详图配合平面图就可以详细了解某些部位墙、内外装修、门窗的做法。

此外，详图还包括楼梯图、特殊房间详图、局部构造或建筑构件详图、特殊装修房间详图等。

1.3.5　一般的传力路线

荷载—板—梁—柱（墙）—基础—地基。

1.3.6　建筑结构形式

建筑结构形式有许多种类型，也有许多不同的分类方法，其中最常见的分类方法是按建筑物主要承重构件所用的材料分类和按结构平面布置情况分类，详见表1-6、表1-7。

按建筑物主要承重构件所使用的材料分类   表1-6

序号	结构类型名称	识别特征	适用范围
1	木结构	主要承重构件所使用的材料为木材	单层建筑
2	混合结构	承重材料为砖石，楼板、屋顶为钢筋混凝土	单层或多层建筑
3	钢筋混凝土结构	主要承重构件所使用的材料为钢筋混凝土	多层、高层、超高层建筑
4	钢与混凝土组合结构	主要承重构件材料为型钢和混凝土	超高层建筑
5	钢结构	主要承重构件所使用的材料为型钢	重型厂房、受动力作用的厂房、可移动或可拆卸的建筑、超高层建筑或高耸建筑

按结构平面布置情况分类表   表1-7

序号	结构类型名称	常用范围
1	框架结构	厂房或20层以下多、高层建筑
2	全剪力墙结构	高强度结构体系，常用于高层、超高层建筑
3	框架—剪力墙结构	高层建筑
4	框—筒结构	高层或超高层建筑
5	筒体结构（单筒或多筒）	超高层建筑
6	框—支结构	钢结构超高层建筑
7	无梁楼盖结构	大空间、大柱网的多层楼房

除上述两种分类方法所列的结构类型外，对于单层大跨度房屋，还有平面结构（门式刚架、薄腹梁结构、桁架结构、拱结构）和空间结构（壳体结构、悬索结构、网架结构）之分。

1.3.7 墙体的类型及其划分

表1-8列举了不同划分标准的墙体类型。

墙体的类型表   表1-8

墙体名称	划分方法
外墙、内墙、纵墙、横墙、窗间墙	按墙所处的位置划分
三七墙、二四墙、一八墙、一二墙	按墙的厚度划分
围护墙、隔墙、女儿墙、围墙	按墙的功能划分
承重墙、非承重墙	按受力情况划分
砖墙、石墙、砌块墙、钢筋混凝土墙	按所用材料划分

1.3.8　建筑工程建筑面积计算

我国现行《建筑工程建筑面积计算规范》GB/T 50353—2013，自2014年7月1日正式实施，《建筑工程建筑面积计算规范》GB/T 50353—2005随之废止。

该规范主要修订的技术内容包括：

（1）增加了建筑物架空层的面积计算规定，取消了深基础架空层；

（2）取消了有永久性顶盖的面积计算规定，增加了无围护结构有围护设施的面积计算规定；

（3）修订了落地橱窗、门斗、挑廊、走廊、檐廊的面积计算规定；

（4）增加了凸（飘）窗的建筑面积计算要求；

（5）修订了围护结构不垂直于水平面而超出底板外沿的建筑物的面积计算规定；

（6）删除了原室外楼梯强调的有永久性顶盖的面积计算要求；

（7）修订了阳台的面积计算规定；

（8）修订了外保温层的面积计算规定；

（9）修订了设备层、管道层的面积计算规定；

（10）增加了门廊的面积计算规定；

（11）增加了有顶盖的采光井的面积计算规定。

1.3.9　其他建筑常识

（1）基底面积：指建筑物底层勒脚外围水平面积。

（2）建筑面积：建筑面积包括附属于建筑物的室外阳台、雨篷、檐廊、室外走廊、室外楼梯等公共面积。

每户（或单位）应分摊的公共面积按如下原则进行计算：

1）有面积分割文件或协议的，应按其文件或协议进行分摊计算。

2）如无面积分割文件或协议的，按其使用面积的比例进行分摊。即：

该户应分摊的公共面积=应分摊公共面积/各户使用面积之和×该户使用面积

对有多种不同功能的房屋（如综合楼、商住楼等），公共面积应参照其服务功能进行分摊，即服务于整个建筑物所有使用功能房屋的公共面积应共同分摊，否则按其所服务的建筑功能分别进行分摊。

住宅平面以外，服务于住宅的公共面积（电梯间、楼梯间除外）应计入住宅部分进行分摊；住宅平面以外的电梯间和楼梯间，仅服务于住宅部分，但其通过其他建筑功能的楼层，则该电梯间和楼梯间的建筑面积按住宅部分面积和其他建筑面积的各自比例分配相应的分摊面积。

（3）户均建筑面积计算

每户的建筑面积=每户的使用面积+每户应分摊的公共面积。

分摊共用面积=套内建筑面积×公用建筑面积分摊系数

公用建筑面积分摊系数=公用建筑面积/套内建筑面积之和

公用建筑面积=整栋建筑的面积－套内建筑面积之和－不应分摊的建筑面积

详见附录1。

（4）户型

户型是指组成一套住宅的卧室、客厅、餐厅、厨房、卫生间的数量。常表示为：一室一厅一卫一厨、两室两厅一卫一厨、四室两厅二卫一厨等，如图1-13所示。

（5）面积配比

面积配比指的是各种面积范围的单元在某一楼盘的总数中各自所占的比例。

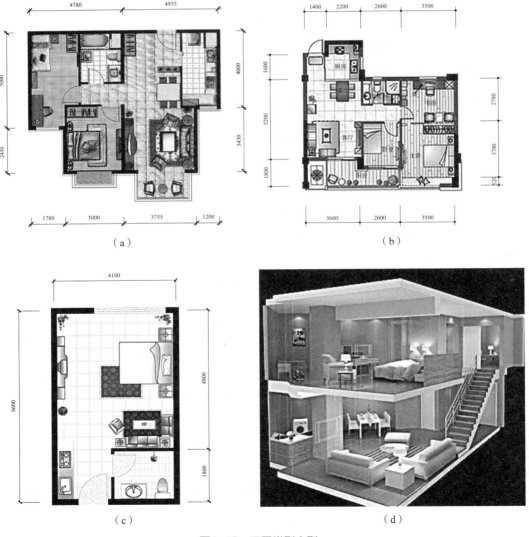

（a）

（b）

（c）

（d）

图1-13　不同类型户型

（a）两室两厅一厨一卫；（b）三室两厅一厨一卫；（c）一室一厅一厨一卫；（d）一室一厅一厨一卫（复式）

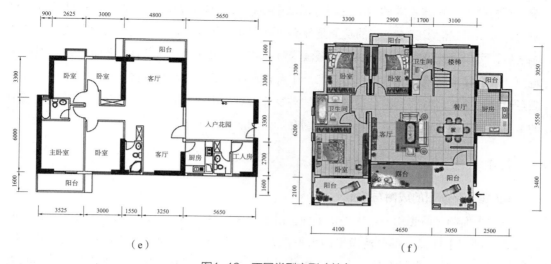

图1-13　不同类型户型（续）

（e）四室两厅两卫一厨；（f）五室两厅三卫一厨

1.4　操作训练

　　房屋建筑工程图是工程技术的"语言"，它能够准确地表达建筑物的外形轮廓、尺寸大小、结构构造、装修做法等，故要求有关专业人员必须熟悉施工图的全部内容。

　　一套房屋建筑工程图，一般按专业分为建筑施工图、结构施工图、设备施工图（给水排水施工图、采暖通风施工图、电气施工图）三类。无论从事哪个专业，若从看图角度来说，建筑施工图都应当放在第一位，建筑施工图是对整个工程的总览，规划了建筑物的外形、位置，结构施工图和机电设备施工图都是为建筑施工图服务，起到了从整体到部分，从大体构造到详细部件的指导作用，是对建筑施工图的延伸和细化。由建筑图给出一个轮廓和布局，结构图针对其中的构造关系以及材料需求进行划分，然后相应地进行机电设备的放置安装。此外建筑施工图展现的内容更为丰富，是图纸中的主体构架，许多门窗、机电设备也体现在了其中，从而完善了建筑工程施工图。

　　在本训练中，将主要介绍房屋建筑施工图的识读。建筑施工图简称"建施"，主要反映建筑物的规划位置、外形和大小、内外装修、内部布置、细部构造做法及施工要求等。建筑施工图包括首页（图纸目录、设计总说明、门窗标等材料表等）、总平面图、平面图、立面图、剖面图和详图。图纸目录包括每张图纸的名称、内容、图号等，比较容易读懂。设计总说明主要以文字的方式展示工程的总体概况，它包括工程概况（建筑名称、建筑地点、建设单位、建筑占地面积、建筑等级、建筑层数）；设计依据（政府有关批文、建筑面积、造价以及有关地质、水文、气象资料）；设计标准（建筑标准结构、抗震设防烈度、防火等级、采暖通风要求、照明标准）；施工要求（验收规范要求、施工技术及材料的要求，采用新技术、新材料或有特殊要求的做法说明，图纸中不详之处的补充说明）。通过识读建筑设计总说明，可以帮我们了解本工程的功能是什么，是车间还是办公楼？是商场还是住宅？了解功能之后，可以通过说明中的一些构造做法了解一些基本尺寸和建筑装修，例如厨房、厕所楼地面一般会贴地砖或作块料墙面，厕所、阳台楼地面标高一般会低几厘米；车间的尺寸一定满足生产的需要，特别是满足设备安装的需要等。对于房产专业的学生来说，建筑施工图中的重点识图内容是建筑的平面图、立面图和剖面图的识读训练。

1.4.1　任务一：平面图的识读

1.　建筑平面图的成图与数量

建筑平面图是假想用一个水平切平面，沿着房屋门窗口的位置，将房屋剖开，拿掉上面部分，对剖切平面以下部分所做出的水平投影图，即为建筑平面图，简称平面图；平面图（除屋顶平面图外）实际上是一个房屋的水平全剖面图，它反映出房的平面形状，大小和房间的布置，墙（或柱）的位置、厚度和材料，门窗的类型和位置等情况，这是施工图中最基本的图样之一。

一般来说，房屋有几层就应画出几个平面图，并在图的下面注明相应的图名，如底层平面图、二层平面图等。如果上下各楼的房间数量、大小和布置都一样时，则相同的楼层可用一个平面图表示，称为标准层平面图或X—X层平面图。若建筑平面图左右对称时，也可将两层平面图画在同一个平面图上，左边画出一层的平面图，右边画出另一层的平面图，中间画一对称符号作分界线，并在图的下边分别注明图名。

楼房的平面图是由多层平面图组成的，底层平面图除表示该层的内部形状外，还画有室外的台阶花池、散水（或明沟）、雨水管和指北针，以及剖面的剖切符号，如1—1、2—2等，以便与剖面图对照查阅。房屋中间层平面图除表示本层室内形状外，还需要画上本层室外的雨篷、阳台等。屋顶平面图是房屋顶面的水平投影图。在屋顶平面图中，一般表明屋顶形状、屋面排水方向及坡度、天沟或檐沟的位置、女儿墙和屋脊线、烟囱、通风道、屋面检查人孔、雨水管及避雷针的位置等。

平面图上的线型粗细应分明，凡是被水平剖切平面剖切到的墙、柱等断面轮廓线用粗实线画出，而粉刷层在1∶100的平面图中是不画的。在1∶50或比例更大的平面图中粉刷层则用细实线画出。没有剖切到的可见轮廓线，如窗台、台阶、明沟、花台、梯段等用中实线画出。表示剖面位置的剖切位置线及剖视方向线，均用粗实线绘制。

底层平面图中，可以只在墙角或外墙的局部分段地画出散水（或明沟）的位置。

由于平面图一般采用1∶100、1∶500或1∶200的比例绘制，所以门、窗和设备等均采用"国标"规定的图例表示。因此，阅读平面图必须熟记建筑图例。

2.　建筑平面图的阅读方法

（1）看图名、比例，了解该图是哪一层平面图，绘图比例是多少。

（2）看底层平面图上画的指北针，了解房屋的朝向。

（3）看房屋平面外形和内部墙的分隔情况，了解房屋平面形状和房间分布、用途、数量及相互间联系，如入口、走廊、楼梯和房间的位置等。

（4）在底层平面图上看室外台阶、花池、散水坡（或明沟）及雨水管的大小和位置。

（5）看图中定位轴线的编号及其间距尺寸。从中了解各承重墙（或柱）的位置及房间大小，以便于施工时定位放线和查阅图纸。

（6）看平面图的各部尺寸，平面图中的尺寸分为外部尺寸和内部尺寸。从各尺寸的标注可知各房间的开间、进深、门窗及室内设备的大小位置。

3．操作训练

图1-14～图1-18为某独立别墅平面图，请参照提示识图。

图1-14为某独立别墅一层平面图：平面图绘图比例1∶100，该建筑的类型为住宅建筑，从图中指北针看，屋朝向为南北朝向。房屋的北面从东往西依次设有厨房、楼梯间（兼做储藏间）、卫生间及车库；车库与室外的连接过渡形式为坡道，坡道的坡度为1∶4，房屋的南面从东往西依次设有客厅、门厅、老人房，大门外有三级台阶到室外，客厅前面布置有绿化，室内外高差为450mm。平面图横向编号的轴线有①轴～⑥轴，竖向编号的轴线有Ⓐ轴～Ⓔ轴。通过轴线表明，车库的开间和进深为3600mm×6300mm，厨房为2800mm×3300mm，卫生间为2250mm×3300mm，老人房为3600mm×4500mm，墙体厚度除卫生间隔墙和客厅与餐厅交界隔墙为120mm外，其余均为240mm，图中所有墙身厚度均不包括抹灰层厚度，平面图中的门有M-1、M-2、16M1221、16M0821和16M0921，窗有C-1、C3621、C0621、C1521和C1821等多种类型。一层平面图中有一个剖切符号，表明剖切平面图A—A，在轴线③轴～④轴之间，并且剖切到了楼梯间。整个建筑的外轮廓轴线尺寸为12490mm×12540mm。客厅为下沉式，标高为-0.150m，比其他房间低150mm。

图1-15为某独立别墅二层平面图：平面图绘图比例1∶100，其轴线与首层轴线对应，由于图示的分工，楼层平面图不再画底层平面图中的台阶、散水、指北针以及剖面的剖切符号等。房屋的北面从东向西依次设为一层屋顶、楼梯间、卫生间及健身和储藏区间；一层餐厅的顶上变成书房，房屋的南面从东往西依次设有书房连大露台、客卧、儿女房及露台，二层楼面标高为3.600m。通过二层房间格局可见，一层布置的柱、墙分割的区块基本保持，健身和储物区开间和进深同一层车库为3600mm×6300mm，厨房位置只有一层建筑，二层卫生间开间和进深同一层为2250mm×3300mm，儿女房为3600mm×4200mm位置上与老人房有所偏位，墙体厚度除卫生间隔墙和储藏区为120mm外，其余均为240mm，平面图中的门有MLC-1、16M1221、16M0821和16M0921，窗有C-2、C3321、C1821、C1521和C1518等多种类型，其中C-2为飘窗。图中①轴交Ⓐ轴、⑤轴交Ⓑ轴、⑤轴交Ⓔ轴三根柱子未涂黑，表明柱子到一层顶。一层到二层的楼梯为平行双跑楼梯，二层平面图楼梯间不但看到了二层上行梯段的部分踏步，也能看到一层上二层第二梯段的部分踏步，中间是用45°斜的折断线为界。

图1-16为某独立别墅三层平面图：平面图绘图比例1∶100，轴线与首层轴线一一

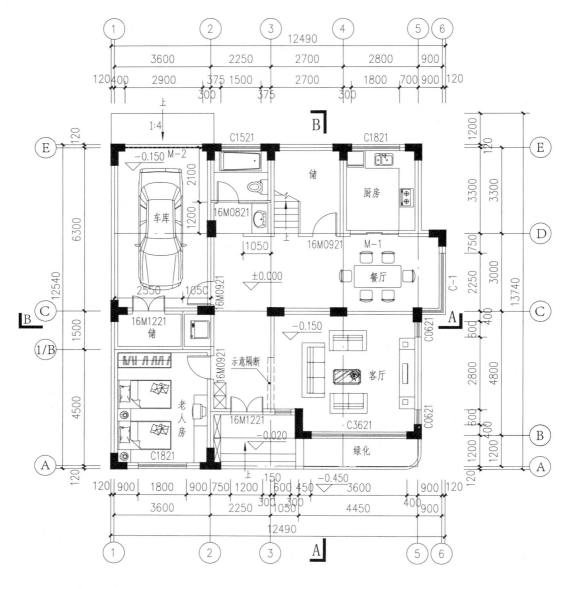

独立别墅一层平面

1 : 100

S=139m²

图1-14　某住宅一层平面图

对应。房屋的北面从东向西依次为一层屋顶、楼梯间、卫生间及书房；房屋的南面从东往西依次设有会客厅连大露台、主卧及露台，三层楼面标高为6.900m。主卧室中②轴交Ⓒ轴的柱和②轴交1/B轴的柱子只伸到2层顶，其余格局基本不变，书房开间和进深同一层车库为3600mm×4350mm，三层卫生间开间和进深为2250mm×3300mm，主卧为5600mm×3900mm，墙体厚度除卫生间隔墙为120mm外，其余均为240mm，平面图中的门有16M1221、16M0821、16M0721和16M0921，窗有C-3、C-2、C1521、C1818

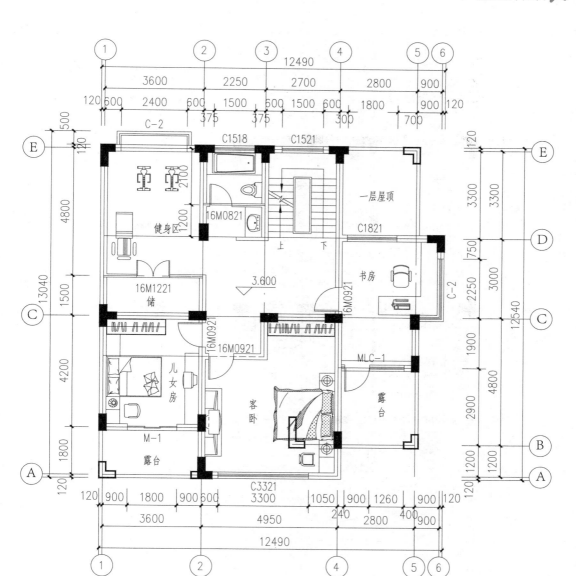

独立别墅二层平面 1 : 100

S=120m²

图1-15 某住宅二层平面图

和C1518等多种类型，其中C-2为飘窗。二层到三层的楼梯为平行双跑楼梯，三层平面图楼梯间不但看到了二层上行梯段的部分踏步，也能看到二层到三层第二梯段的部分踏步，中间是用45°斜的折断线为界。

图1-17为该住宅楼的屋顶平面图。该住宅楼为坡屋顶，总共分两块区域，其中一条屋脊线标高为11.400m，另外一条屋脊线的标高为12.000m，分别为四面排水。楼梯间出屋面并可以通往屋顶平台，屋顶平台标高为10.200m。

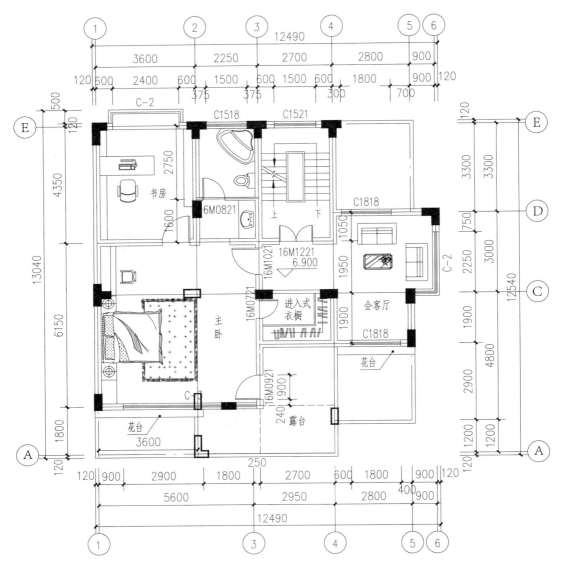

独立别墅三层平面 1:100

S=103m²

图1-16 某住宅三层平面图

1.4.2 任务二：建筑立面图的识读

1. 建筑立面图成图与数量

在与房屋立面平行的投影面上所作房屋的正投影图称为建筑立面图，简称立面图。房屋有多个立面，立面图的名称，通常有以下三种叫法：按立面的主次来命名，把房屋的主要出入口或反映房屋外貌主要特征的立面图称为正立面图，而把其他立面图分别称为背立面图、左侧立面图和右侧立面图等；按着房屋的朝向来命名时，可把房屋的各个立面图分别称为南

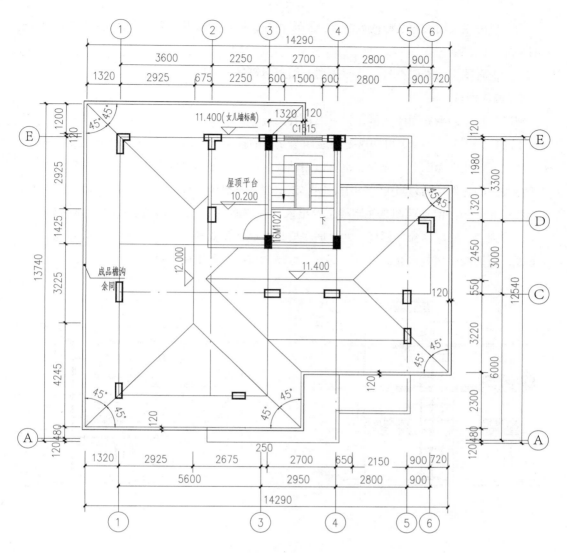

独立别墅屋顶平面 1∶100

图1-17 某住宅屋顶平面图

立面图、北立面图、东立面图和西立面图等；按立面图两端的轴线编号来命名，可把房屋的立面图分别称为X1—X2轴立面图、X2—X1轴立面图等。

2．建筑立面图内容与阅读方法

（1）看图名和比例，了解是房屋哪一个立面的投影，绘图比例是多少，以便与平面图对照阅读。

（2）看房屋立面的外形，以及门窗、屋檐、台阶、阳台、烟囱、雨水管等形状及位置。

（3）看立面图中的标高尺寸，通常立面图中注有室外地坪、出入口地面、勒脚、窗口、大门口及檐口等处标高。

（4）看房屋外墙表面装修的做法和分格形式等，通常用指引线和文字来说明粉刷材料的类型、配合比和颜色等。

（5）查看图上的索引符号，有时在图上用索引符号表明局部剖面的位置。

3．操作训练

现以某独立别墅立面图为例，详见图1-18。

由图1-18（a）~（d）可知这是房屋四个立面的投影，他们分别是房屋的东立面、南立面、西立面、北立面四个立面图，也可以用轴线标注立面图的名称。

立面图的比例均为1:100。图中表明，该房屋是三层楼，坡屋顶。外墙装饰做法为面贴浅灰色亚光瓷砖。南立面图是住宅楼主要出入口一侧的立面图，可看到一层的台阶和绿化，还可以看到二、三层露台的栏杆。西立面主要是外墙面，此外还可以看到汽车库门前的坡道和雨篷、高的坡屋面。东立面可以看到两个区域的坡屋顶和出屋面楼梯间。

图1-18　某独立别墅四方立面图

1.4.3 任务三：建筑剖面图的识读

1．建筑剖面图的形成与数量

建筑剖面图是用一假想的竖直剖切平面，垂直于外墙，将房屋剖开，移去剖切平面与观察者之间的部分，做出剩下部分的正投影图，简称剖面图。剖面图用以表示房屋内部的楼层分层、垂直方向的高度、简要的结构形式和构造及材料等情况。如房间和门窗的高度，屋顶形式、屋面坡度、檐口形式、楼板搁置的方式，楼梯的形式等。

2．剖面的剖切位置与剖面图的数量

用剖面图表示房屋，通常是将房屋横向剖开，必要时也可纵向将房屋剖开。剖切面选择能显露出房屋内部结构和构造比较复杂，有变化、有代表性的部位，并应为通过门窗口的位置，若为多层房屋应选择楼梯间和主要入口。

通常在剖面图上不画基础。剖面图中断面上的材料图例和图中线型的画法均与平面图相同。

3．建筑剖面图内容与阅读方法

（1）看图名、轴线编号和绘图比例。与底层平面图对照，确定剖切平面的位置及投影方向，从中了解所画出的是房屋的哪一部分的投影。

（2）看房屋内部构造和结构形式。如各层梁板、楼梯、屋面的结构形式、位置及其与墙（柱）的相互关系等。

（3）看房屋各部位的高度。如房屋总高、室外地坪、门窗顶、窗台、檐口等处标高，室内底层地面、各层楼面及楼梯平台面标高等。

（4）看楼地面、屋面的构造。在剖面图中表示楼地面、屋面的构造时，通常用一条引出线指向需说明的部位，并按其构造层次顺序地列出材料等说明。有时将这一内容放在墙身的剖面详图中表示。

（5）看图中有关部位坡度的标注。如屋面、散水、排水沟与坡道等处，需要做成斜面时，都标有坡度符号。

（6）查看图中的索引符号。剖面图尚不能表示清楚的地方，还注有详图索引，说明另有详图表示。

4．操作训练

图1-19为某住宅楼的剖面图，从底层平面图中A—A剖切线的位置可知，从客厅、餐厅到楼梯间位置从一层到屋面所做的全剖面，拿掉房屋剖切线右半部分，所做的左视剖面图。剖面图绘图比例是1∶100。A—A

图1-19　某住宅楼剖面图

剖面图表明该房屋是三层楼房（楼梯间局部四层）、坡屋顶，出屋面楼梯间屋顶上四周有女儿墙，钢筋混凝土框架结构。室外地面标高为-0.450m，迈上三步台阶是大门入口，室内地面标高为0.000（正负零）。室内二层、三层楼地面标高是3.600、6.900m，出屋面楼梯间标高为10.200m。

房屋检验基本知识 2

本章要点

本章主要讲述了房屋检验相关概念，房屋功能质量问题，房屋检测基本内容和从业者应该具备的素养。介绍了房屋重点检验相关的规范、标准，阐述房屋结构检验、室内外检验的流程、要素和控制标准，最后，介绍了杭州某楼盘交付验收的具体操作过程。

知识目标

掌握房屋检验要素。

熟悉房屋检验标准。

了解房屋主要功能质量问题。

能力目标

能编制既有住宅检测流程和控制点。

具备房屋检验从业者的基本素养。

能明确室内外检验要点。

【引例】

2014年，中国建筑防水协会发布《2013年全国建筑渗漏状况调查项目报告》，报告抽样调查涉及全国28个城市、850个社区，共计勘察2849栋楼房，访问3674名住户。在接受调查的2849个建筑屋面样本中，2716个出现不同程度的渗水，渗漏率达95.33%；住户样本3674个，共有1377个出现不同程度的渗漏，渗漏率达37.48%。

例如，东莞一户居民购买的别墅漏水十年，一直没有得到根本治理，最后经过司法鉴定，这些年的漏水导致房屋的寿命折损了20年，最终法院判开发商赔偿巨额损失，由此可见渗水对房屋的危害程度。

2.1 概述

我国自1949年以来有两个建设高潮期。第一个高潮期是20世纪50年代，第二个高潮期是20世纪80～90年代。由于历史原因，部分建筑设计水平不高、施工水准低，材料和外观等质量较差，导致房屋出现不同程度的使用问题（图2-1）。

图2-1　20世纪70~80年代的住宅建筑

2.1.1　房屋功能质量问题因素

房屋建设和使用过程中，多种因素会导致老化、损坏严重，主要有：

（1）设计因素——设计错误，无证设计，设计标准过低；

（2）施工因素——未按标准、规范操作，未达到设计要求，偷工减料等；

（3）材料因素——有缺陷的材料，或工程建设时的材料无法满足现在的要求；

（4）地质因素——地基土体不稳定，软土层厚等；

（5）人为损害——破坏性装修，保养不及时，使用不当，外界影响（如周边环境有爆破，桩基施工、地下室、道路施工及车辆撞击等）；

（6）自然影响——风、霜、雨、雪、腐蚀以及自然灾害，如水灾、火灾、地震、台风等。

2.1.2　房屋检验相关概念

1. 房屋检验

房屋检验包含检测与鉴定，主要指对房屋结构的状况及性能进行调查、现场测量、取样试验及分析验证并进行评价判定等一系列活动。

2. 房屋鉴定

对房屋的结构状况和性能进行检查、测量、检验、分析、验算、评定等一系列活动，进而判定被鉴定房屋的危险性程度。包括：

（1）可靠性鉴定：对建筑承载能力和整体稳定性等的安全性及适用性和耐久性等的使用性所进行的调查、检测、分析、验算和评定等的一系列活动。

（2）安全性鉴定：对建筑的结构承载力和结构整体稳定性所进行的调查、检测、分析、验算和评定等的一系列活动。

（3）使用性鉴定：对建筑使用功能的适用性和耐久性所进行的调查、检测、分析、验算和评定等的一系列活动。

2.1.3　房屋检测工作内容

（1）检测对象：既有建筑结构性能的检测；建筑工程中各类结构工程质量的检测。

（2）检测内容：检测结构构件材料的强度、结构构件缺陷与损伤。

（3）检测流程：接受委托→调查→制定检测方案（确认仪器、设备状况）→现场检测（补充检测）→计算分析和结果评价→检测报告。

（4）检测业务分类

1）按结构类型

①砌体结构：如砌体强度、砂浆强度、构件损伤情况——裂缝等；

②混凝土框架结构：如混凝土强度、钢筋保护层厚度、钢筋配置、混凝土损伤情况、钢筋锈蚀等；

③混合结构：如砖混、砖木等结构的承重构件（主要构件）与非承重构件（次要构件）。

2）按检测目的

①危房鉴定：整体完损情况监测及等级判定；

②整体结构安全性检测及鉴定：如办证、改变功能、安全性评估、加固或改造、施工影响、火灾等；

③房屋变形测量及鉴定：如倾斜及趋势、沉降及趋势等；

④房屋抗震鉴定；

⑤单一构件安全性检测：如梁、板、柱裂缝及承载力等。

2.1.4　房屋检验从业者要求

（1）职业素养：诚信、公正、严谨、务实、上进。

（2）专业知识

1）专业理论知识：掌握力学（理论力学、结构力学、材料力学）、建筑结构学等基础知识；

2）行业职业知识：熟悉行业政策与法规，掌握行业规范、标准、方法等。

（3）专业技能

1）现场检测技能

①现场调查与问询；

②标的物观察、拍照；

③房屋设计及施工图纸查看；

④标的物画图及记录；

⑤测量设备仪器使用，数据记录与处理。

2）撰写报告技能：检测数据的分析与验算。

3）鉴定的技能：检测数据及相关信息的分析与判定，出具标的物检验结论与建议。

2.2　现行相关标准

2.2.1　建筑工程施工质量验收统一标准

《建筑工程施工质量验收统一标准》GB 50300—2013自2014年6月1日起实施，适用于建筑工程施工质量的验收，并作为建筑工程各专业验收规范编制的统一准则。原《建筑工程施工质量验收统一标准》GB 50300—2001同时废止。

建筑工程施工质量验收统一标准修订的主要内容是：

（1）增加符合条件时，可适当调整抽样复验、试验数量的规定；

（2）增加制定专项验收要求的规定；

（3）增加检验批最小抽样数量的规定；

（4）增加建筑节能分部工程，增加铝合金结构、地源热泵系统等子分部工程；

（5）修改主体结构、建筑装饰装修等分部工程中的分项工程划分；

（6）增加计数抽样方案的正常检验一次、二次抽样判定方法；

（7）增加工程竣工预验收的规定；

（8）增加勘察单位应参加单位工程验收的规定；

（9）增加工程质量控制资料缺失时，应进行相应的实体检验或抽样试验的规定；

（10）增加检验批验收应具有现场验收检查原始记录的要求。

其中，以下两项为强制性标准：

（1）经返修或加固处理仍不能满足安全或重要使用要求的分部工程及单位工程，严禁验收。

（2）建设单位收到工程竣工报告后，应由建设单位项目负责人组织监理、施工、设计、勘察等单位项目负责人进行单位工程验收。

2.2.2　住宅检验标准

1.《住宅设计规范》GB 50096—2011

《住宅设计规范》GB 50096—2011是在原《住宅设计规范》GB 50096—1999（2003年版）基础上修订的，自2012年8月1日起实施，适用于全国城镇新建、改建和扩建住宅的建筑设计。其总则是为保障城镇居民的基本住房条件和功能质量，提高城镇住宅设计水平，使住宅设计满足安全、卫生、适用、经济等性能要求。

规范对住宅技术经济指标计算、套内空间、室内环境、共用阳台和建筑设备等进行了规定。

2.《建筑装饰装修工程质量验收标准》GB 50210—2018

《建筑装饰装修工程质量验收标准》GB 50210—2018自2018年9月1日起实施，适用于新建、扩建、改建和既有建筑的装饰装修工程的质量验收，其中，第3.1.4、6.1.11、6.1.12、7.1.12、11.1.12条为强制性条文，须严格执行。原《建筑装饰装修工程质量验收规范》GB 50210—2001同时废止。

本标准应与现行国家标准《建筑工程施工质量验收统一标准》GB 50300—2013配套使用，且应符合国家现行有关标准的规定。

3.《建筑地面工程施工质量验收规范》GB 50209—2010

《建筑地面工程施工质量验收规范》GB 50209—2010自2010年12月1日起实施，适用于建筑地面工程（含室外散水、明沟、踏步、台阶和坡道）施工质量的验收。原《建筑地面工程施工质量验收规范》GB 50209—2002同时废止。

建筑地面工程施工中采用的承包合同文件、设计文件及其他工程技术文件对施工质量验收的要求不得低于规范的规定。其中，第3.0.3、3.0.5、3.0.18、4.9.3、4.10.13、5.7.4条为强制性条文，必须严格执行。

《建筑地面工程施工质量验收规范》GB 50209—2010规范应与现行国家标准《建筑工程施工质量验收统一标准》GB 50300—2013配套使用。

2.3 房屋检验要素

2.3.1 结构检测

建筑结构的检测可分为在建结构工程质量的检测和既有建筑结构性能的检测。建筑结构的检测应为建筑结构工程质量的评定或建筑结构性能的鉴定提供真实、可靠、有效的检测数据和检测结论。

1.在建结构工程质量的检测

（1）涉及结构安全的试块、试件以及有关材料检验数量不足；

（2）对施工质量的抽样检测结果达不到设计要求；

（3）对施工质量有怀疑或争议，需要通过检测进一步分析结构的可靠性；

（4）发生工程事故，需要通过检测分析事故的原因及对结构可靠性的影响。

2.既有建筑结构检测

既有建筑结构检测，应对现状缺陷和损伤、结构构件承载力、结构变形等涉及结构性能的项目进行检测：

（1）建筑结构安全鉴定；

（2）建筑结构抗震鉴定；

（3）建筑大修前的可靠性鉴定；

（4）建筑改变用途、改造、加层或扩建前的鉴定；

（5）建筑结构达到设计使用年限要继续使用的鉴定；

（6）受到灾害、环境侵蚀等影响建筑的鉴定；

（7）对既有建筑结构的工程质量有怀疑或争议。

检测流程、方法和设备仪器等详见本教材第3章、第4章。

2.3.2　住宅室外公共部位和公共设施检验

住宅小区除业主所有的房屋建筑外，还包括住宅室外的地上建筑物和其他附着物，主要是公共设施及相关配套。公共设施主要包括教育、医疗卫生、文化教育、商业服务、行政管理、社区服务等设施。住宅小区的绿地、道路、路灯、地上（下）线路和管道、停车场（库）、配电房及设备、水泵房及设备、会所、健身娱乐设施、电梯等。

公共设施的归属，如在《商品房买卖合同》中有明确约定的，按照约定执行，没有约定或者约定不明确的，属于全体业主共有。根据《物权法》第七十四条规定，"车位、车库应当首先满足业主的需要，车位、车库的归属，有约定的，按照约定；没有约定的或者约定不明确的，为全体业主所有。"

1．公共设施检验依据

2010年10月，住房和城乡建设部印发《物业承接查验办法》（建房2010〔165号〕），对承接新建物业前，物业服务企业和建设单位按照国家有关规定和前期物业服务合同的约定，共同对物业共用部位、共用设施设备进行的检查和验收活动提供了检验依据。《物业承接查验办法》自2011年1月1日起实施。

2．公共设施与设备检验流程要点

（1）确定物业承接查验方案；

（2）移交有关图纸资料；

（3）查验共用部位、共用设施设备；

（4）解决查验发现的问题；

（5）确认现场查验结果；

（6）签订物业承接查验协议；

（7）办理物业交接手续。

3．验收时查验的资料

（1）竣工总平面图，单体建筑、结构、设备竣工图，配套设施、地下管网工程竣工图等竣工验收资料；

（2）共用设施设备清单及其安装、使用和维护保养等技术资料；

（3）供水、供电、供气、供热、通信、有线电视等准许使用文件；

（4）物业质量保修文件和物业使用说明文件。

4．住宅公共部位和公共设备设施检验清单

（1）共用部位：一般包括建筑物的基础、承重墙体、柱、梁、楼板、屋顶以及外墙、门厅、楼梯间、走廊、楼道、扶手、护栏、电梯井道、架空层及设备间等；

（2）共用设备：一般包括电梯、水泵、水箱、避雷设施、消防设备、楼道灯、电视天线、发电机、变配电设备、给水排水管线、电线、供暖及空调设备等；

（3）共用设施：一般包括道路、绿地、人造景观、围墙、大门、信报箱、宣传栏、路灯、排水沟、渠、池、污水井、化粪池、垃圾容器、污水处理设施、机动车（非机动车）停车设施、休闲娱乐设施、消防设施、安防监控设施、人防设施、垃圾转运设施以及物业服务用房等。

5．检验方法

（1）资料文件查验：对资料进行清点和核查，重点核查共用设施设备出厂、安装、试验和运行的合格证明文件。

（2）实地查验：综合运用核对、观察、使用、检测和试验等方法，重点查验物业共用部位、共用设施设备的配置标准、外观质量和使用功能。

其他相关条款详见本教材附录2。

2.3.3 住宅室内检验

住宅室内质量检验按住宅装修情况分毛坯房和装修房检验。共同点是两者都需要按照标准对房屋从上到下，由里到外检验一遍。不同点是装修房最好边装修边验收，减少分段装修中出现的质量问题，最后再整体验收并进行成品保护。然后根据房屋验收情况，购房合同双方在《业主入住房屋验收表》上签字确认后，向业主发放钥匙并记录。

1．检验要点

（1）资料文件齐全

主要包括"五证"（国有土地使用证、建设用地规划许可证、建设工程规划许可证、建筑工程施工许可证和商品房销售许可证）、"二书"（住宅质量保证书和住宅使用说明书）及"一表"（房屋建筑工程和市政基础设施工程竣工验收备案表）。

（2）结构确定

目前住宅结构主要有砖混结构、钢混结构和钢结构三种。

（3）设备工具

室内检验常用设备工具有：笔墨纸张、直角尺、卷尺、电笔、数码相机或DV、小锤子、水桶、计算器、铅锤等。

2．主要检验项目

（1）入户门检验；

（2）门窗检验；

（3）阳台栏杆和窗护栏检验；

（4）地面检验；

（5）墙面检验；

（6）防水检验；

（7）给水排水检验；

（8）电气检验。

毛坯房和装修房检验流程、方法和设备仪器等详见本教材第5章商品房分户验收。

2.4　操作训练

2.4.1　任务：杭州某楼盘交付验收

某楼盘是某知名房地产公司的精装修项目（图2-2）。项目开工时间为2016年6月15日，建设期为两年，于2018年12月25日全面交付，具体交付情况如下：

（1）交付建筑面积：89115m²。

（2）交付套数：509套（住宅480套，商铺29套）。

（3）交付日期：2018年12月25日～2018年12月29日。

（4）交付时间：9：00—17：30。

（5）交付地点：销售展示中心园区会所。

图2-2　项目鸟瞰图

2.4.2　编制交付方案

楼盘交付方案编制应包含以下内容：

（1）交付概况：交付项目概况，具体交付楼幢和数量，交付目标等；

（2）交付现场布置：交付时间地点、动线设计、现场区域布置等；

（3）交付前期准备：交付前工作准备，包括交付资料清单、清单、分户验收、交付费用清单、统一说辞、交付方案审核定稿等；

（4）交付流程：明确交付程序，岗位、要点及人财物安排；

（5）应急预案：梳理交付过程中可能出现的突发事件，并提出针对性的应急处理方法；

（6）费用预算：交付过程人员、物品费用清单。

2.4.3 编写验房交付要点、流程

主要包括分户验收、交付房屋水电查验、建筑单体移交、公共设施设备移交、小区配套设施设备到位查验。

2.4.4 案例模板

案例以杭州某楼盘交付为例，介绍交付验收主要流程节点。

1. 交付方案（节选）

（1）交付方案目录（图2-3）

（2）交付概况（略）

（3）交付区域布置及其他事项

为保障交付工作顺利和有序地进行，同时体现房产与物业对业主细致周到的服务，使业主真切体会到产品品质和服务品质，应

```
                  目  录
一、交付概况
二、交付区域布置及其他事项
三、交付前期准备工作
四、交付流程
五、交付工作人员安排表
六、交付注意事项
七、应急预案
八、交付物品清单以及费用
九、交付统一说辞
```

图2-3 交付方案主要内容目录

充分做好准备工作，配备足够的人员，让业主享受"专人专属"的尊贵服务。因此本次交付将采取分批分时陆续交付的方式，暂定于××年××月××日—××月××日为相对集中交付时间，××月××日—××月××日为交付值班时间。

以下是交付地点描述：

1）交付地点：现拟定将××号楼××单元××楼大厅设置为业主接待和领房手续办理的地点，并在园区设置活动区域，为业主提供温馨、舒适氛围及浓厚的回家感觉。

2）进户门：拟在每个进户门把手上挂拉花，让业主在领房时亲手开启幸福之门。

3）户内：开发公司对每户赠送相应数量的一次性鞋套组合套装，作为业主乔迁之喜，可让业主体验一种温馨的回家感觉，工作人员及验房人员需穿鞋套进入。

4）带有楼盘名称LOGO的封条对抽水马桶进行上封，以告知业主房屋已经打扫。

（4）交付前准备（表2-1）

交付前准备事项一览表   表2-1

序号	工作内容	完成时间	责任部门
1	业主手册定稿		服务中心
2	统一解说文档定稿及会签		营销部 物业工程部
3	产品说明书定稿		营销部 工程部

续表

序号	工作内容	完成时间	责任部门
4	交付方案的定稿及完成审批		营销部 工程部 综管部 项目物业 服务中心
5	完成产品说明书、业主手册印制		营销部
6	完成土建工程及精装工程整改		工程部 精装修部
7	完成一房一验		工程部 营销部 服务中心
8	物业移交（包括装箱内所有物品、房屋移交）		企划部 成本部 服务中心
9	电梯交付状态，成品保护开始加装		工程部
10	交付业主资料（包括验房表格、交付物品清单、业主基本情况登记表等）整理、移交		营销部 服务中心
…	……		……

2．验房

项目交付验房主要包括物业前期服务的"一房一验"和交付现场物业陪验的"业主验房"移交。图2-4为某项目验房交付流程，图2-5为"业主验房"交付记录单。

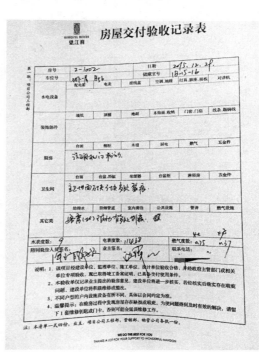

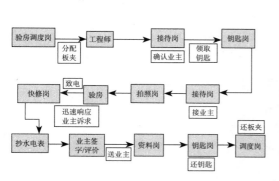

图2-4 验房移交流程　　　　　　　　　图2-5 交付验房记录单

地基基础检验 3

本章要点

本章主要阐述建筑地基和基础的概念与分类，地基基础承载及变形性能检验、施工及使用期间的变形监测等检验项目的方法、设备仪器与操作要点。

知识目标

掌握常用地基基础检验方法的操作要点；理解并掌握地基与基础的概念；了解地基基础的类型和地基基础的检验项目、要求及方法。

能力目标

能够采用常用的地基基础检验方法进行地基基础承载力、变形性能等项目的检测；具备常见检测项目的操作能力。

【引例】

失落的"凡尔赛宫"

2001年5月24日，在坐落于以色列耶路撒冷Talpiot的"凡尔赛宫"婚宴大厅（Versailles wedding hall）内，正在举行一对新人的婚礼。突然之间，婚宴大厅的一大部分楼板坍塌，直接坠落到下一层，造成23人死亡，380人受伤，是以色列历史上最大的公共灾难。

如果把建筑看成一件产品，那么在官方发布的事故调查报告中，我们看到了一连串违反"产品说明书"的不当使用，最终导致灾难发生。

（1）擅自变更楼面用途

发生坍塌的民用建筑为两层，其相邻一跨设计为三层。在建造过程中，开发商擅自将两层的结构加高至三层，使其与另一跨平齐，一起被用作婚宴大厅。因此，原本只设计承受设计图纸荷载的屋面板，在实际使用过程中承受了远大于设计的活荷载。

（2）最后一根稻草

为什么婚宴大厅之前的使用没有问题呢？原因是大厅楼板下面原来是有房间分隔的，虽然大厅荷载超出了设计值，但是下部的分框筒结构事实上起到了一定的支撑作用，所以楼板并没有发生问题。但就在婚礼开始前几周，这座建筑的业主决定将下部房间分隔拆除。这成了压垮骆驼的最后一根稻草。

（3）错失最后一次机会

实际上，最后还有一次机会避免灾难的发生。在拆除楼板下部隔墙后，楼板下挠了几英寸。这理应引起重视，但是业主没有咨询结构工程师，而是自作主张，在下挠的楼板顶面用砂浆抹平。这样的后抹砂浆非但不能与原有楼板共同工作，而且增加了楼板的荷载。最后，在婚宴时，整个楼板大面积坍塌。

3.1　地基基础

3.1.1　地基基础的概念

建筑物的荷载通过梁板等水平构件传递给墙柱等竖向构件，最终传递给建筑物下的土体或岩体，由于墙柱等竖向构件的截面尺寸相对较小，不能将其直接搁置在土体（岩体）上，需在墙柱下设置截面较大的扩大构件将上部结构荷载扩散传递给土体（岩体），设置扩大构件的目的是将荷载扩散减小压强，减小土体（岩体）承受的单位面积荷载大小。把最终承受建筑物荷载的土体或岩体称为地基，把上部结构与地基接触处

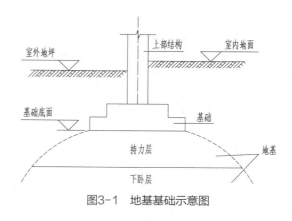

图3-1　地基基础示意图

的扩大构件称为基础。因此，地基是土体（或岩体），是大地的一部分；而基础是构件，是建筑物的一部分，地基承受着建筑物通过基础传递来的荷载。位于基础底面下直接承受建筑物荷载的土层称为持力层，在其以下的土层称为下卧层（图3-1）。

3.1.2　地基基础的类型

1．地基类型

地基分为天然地基和人工地基两种。

（1）天然地基

天然地基是指自然状态下即可满足承担基础全部荷载满足承载力和变形要求的没有经过人工处理的地基。天然地基土包括岩石、碎石土、砂土、粉土和黏性土等几大类。岩石、碎石土的承载力较高，变形性能好，适合作为建筑物的地基持力层；砂土中的砾砂、粗砂的承载力也较高，一般能达到200~300kPa以上，变形性能也较好，也是一种理想的天然地基；粉土承载力和变形性能一般，可作为多层建筑和层数不多的高层建筑的天然地基；黏性土的承载力和变形性能都比较差（但有些粉质黏土的承载力和变形性能也较好），尤其是淤泥质黏性土的承载力和变形性能极差，一般不能作为天然地基来使用，一般进行人工处理后才可作为建筑物的地基。

（2）人工地基

当天然地基的承载力和变形性能不满足规定限值时，天然地基必须通过置换、夯实、挤

密、排水、胶结加筋和化学处理等方法对软土地基进行处理与加固，使其性能得以改善，满足承载力和变形的要求。这种经过人工处理过的地基称为人工地基。

人工地基包括换填垫层、预压地基、压实地基和夯实地基、复合地基、注浆加固、微型桩加固等。根据地基条件选择合理的处理方法，各类人工地基和适用范围见表3-1。

人工地基的类型及适用范围　　　　　　　　　　　　　　表3-1

人工地基类型	人工地基简介	适用范围
换填垫层	将基槽内局部不均匀的软土、回填土等承载力较低和变形性能较差的土层挖除，回填其他性能稳定、无侵蚀性、强度较高的材料，并夯压密实形成的垫层	适用于浅层软弱土层或不均匀土层的地基处理
预压地基	在地基上进行堆载预压或真空预压，或联合使用堆载和真空预压，形成固结压密后的地基	适用于处理淤泥质土、淤泥、冲填土等饱和黏性土地基
压实地基	是利用平碾、振动碾、冲击碾或其他碾压设备将填土分层密实处理的地基	适用于处理大面积填土地基
夯实地基	是采用夯实重锤，反复将夯锤提到高处使其自由落下，给地基以冲击和振动能量，将地基土密实处理或置换形成密实墩体的地基，夯实地基包括强夯和强夯置换处理地基两种	强夯处理地基适用于碎石土、砂土、低饱和度的粉土与黏性土、湿陷性黄土、素填土和杂填土等地基；强夯置换适用于高饱和度的粉土与软塑—流塑的黏性土地基上对变形要求不严格的工程
复合地基	复合地基是将天然地基中的部分土体采用砂石桩、水泥粉煤灰碎石桩（CFG桩）等竖向增强体增强或被置换形成天然土体与增强体共同受力的地基	适用于处理深度较深的各类松散土和软土地基
注浆加固地基	将水泥浆或其他化学浆液注入地基土层中，增强土颗粒间的联结，使土体强度提高、变形减少、渗透性降低的地基处理方法	适用于局部砂土、粉土、黏性土和人工填土等地基加固
微型桩加固地基	用桩工机械或其他小型设备在土中形成直径不大于300mm的树根桩、预制混凝土桩或钢管桩改善地基性能的方法	适用于既有建筑地基加固或新建建筑的地基处理

2．基础类型

基础按材料的不同可分为砖基础、毛石基础、混凝土基础、毛石混凝土基础、灰土基础、三合土基础和钢筋混凝土基础等类型，其中，砖基础、毛石基础、混凝土基础、毛石混凝土基础、灰土基础和三合土基础也称为无筋扩展基础。按构造形式的不同可分为独立基础、条形基础、筏形基础和箱形基础等类型。按埋置深度的不同可分为浅基础和深基础两大类，埋置深度小于5m的基础一般统称为浅基础，浅基础施工简单造价低，在能保证建筑物地基承载力和基础埋深的情况下，应优先选用浅基础方案，当浅层土质条件较差不能满足地基承载力和变形要求时，可采用桩基础、箱形基础、沉井基础等其他深基础方案。

下面介绍几种工程中常见的基础：

（1）无筋扩展基础

砖基础、毛石基础、混凝土基础、毛石混凝土基础、灰土基础、三合土基础均属于刚性基础，也称为无筋扩展基础，在承重墙下条形布置，其特点是无配筋，靠材料刚性受力，抗压强度远大于抗拉、抗剪强度，能承受较大竖向荷载，但不能承受弯矩引起的拉力。因此，无筋扩展基础的台阶高度和宽度应满足刚性角要求（图3-2）。

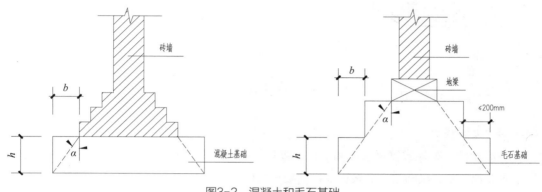

图3-2　混凝土和毛石基础

（2）钢筋混凝土独立基础

钢筋混凝土独立基础按形式可分为阶形独立基础、坡形独立基础和杯口独立基础三种（图3-3）。

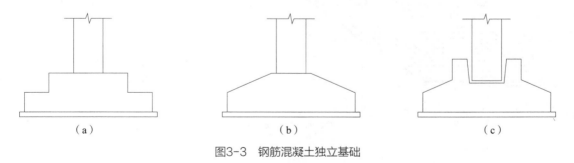

图3-3　钢筋混凝土独立基础

（a）阶形独立基础；（b）坡形独立基础；（c）杯口独立基础

阶形独立基础构造简单，施工方便，坡形独立基础受力合理，节省混凝土，一般多层框架结构柱下均可采用。杯口独立基础一般用于采用预制柱的厂房结构。因为独立基础相对独立，相邻基础间宜用柱间地梁或基础间拉梁连接提高其整体性和抗震性能。

（3）钢筋混凝土条形基础

钢筋混凝土条形基础有墙下钢筋混凝土条形基础和柱下钢筋混凝土条形基础两种（图3-4），墙下钢筋混凝土条形基础一般用于承重砖墙或剪力墙下。柱下钢筋混凝土条形基础一般采用十字交叉形条形基础，其承载力和整体性较好，能很好地调节上部结构的沉降，适合用于地基承载力不高或地基土分布不均匀容易引起上部结构不均匀沉降的基础。

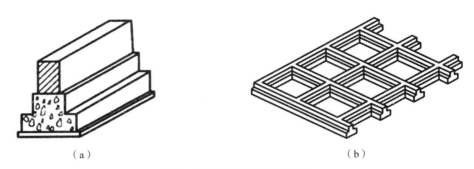

（a）　　　　　　　　　　　　　　　　　　（b）

图3-4　钢筋混凝土条形基础

（a）墙下条形基础；（b）柱下十字交叉条形基础

（4）筏形基础

筏形基础分梁板式筏形基础和平板式筏形基础两种（图3-5），梁板式筏形基础在柱或墙下布置地基梁，梁间布置底板，由地基梁与底板共同受力；平板式筏形基础在柱或墙下没有地基梁，有时可在柱下布置柱墩，由平板承受地基反力。筏形基础类似于倒楼盖，底板与地基接触面积大，承载力高，整体性好，适用于上部结构荷载较大的高层建筑结构。

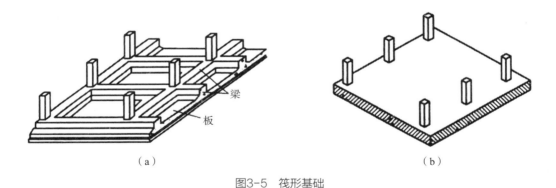

（a）　　　　　　　　　　　　　　　　　　（b）

图3-5　筏形基础

（a）梁板式筏形基础；（b）平板式筏形基础

（5）桩基础

桩基础是属于深基础的一种基础类型，其种类繁多，按承载性状分为摩擦桩和端承桩两种，按施工工艺分为预制桩和灌注桩两大类，其中灌注桩又分为钻孔灌注桩、钻孔挤扩灌注桩、沉管灌注桩、沉管夯（挤）扩灌注桩等众多种类。根据地基条件、承载力要求和施工工艺等多方面因素综合评估，按照安全适用、经济合理的原则进行选用。工程中较常用的钻孔灌注桩根据承载力需求，可采用单桩和多桩（群桩）的布置形式，桩顶与承台连接（图3-6）。

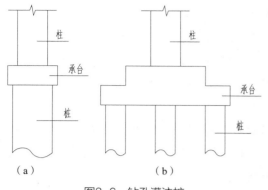

图3-6 钻孔灌注桩

（a）一柱一桩布置形式；
（b）一柱多桩（群桩）布置形式

3.2 地基基础检验技术

3.2.1 地基基础检验项目及要求

1. 检验项目

地基基础的检验可分为天然地基与人工地基的地基承载力和变形性能检测、施工及使用期间的变形性能监测、复合地基竖向增强体的承载力和完整性检测、桩基检测和既有建筑地基基础检测等项目（表3-2）。

地基基础检验项目　　　　　　　　　　表3-2

序号	地基基础类型	检验项目	检验方法
1	天然地基	1）地基承载力和变形性能； 2）施工及使用期间的变形性能	1）土（岩）地基载荷试验结合其他检测方法； 2）沉降观测
2	人工地基	1）换填、预压地基承载力和变形性能； 2）复合地基承载力和变形性能； 3）复合地基竖向增强体竖向承载力及完整性； 4）施工及使用期间的变形性能	1）土（岩）地基载荷试验结合其他检测方法； 2）复合地基载荷试验结合其他检测方法； 3）竖向增强体载荷试验，低应变法； 4）沉降观测
3	桩基础	1）桩身完整性； 2）单桩竖向抗压承载力； 3）单桩竖向抗拔承载力； 4）单桩水平承载力	1）低应变法； 2）单桩竖向抗压静载试验； 3）单桩竖向抗拔静载试验； 4）单桩水平静载试验
4	既有建筑地基基础	地基检测、基础检测与变形监测、桩基检测、直接影响既有建筑的周边环境检测与监测等	按《既有建筑地基基础检测技术标准》JGJ/T 422—2018的规定检测

2. 检验要求

（1）建筑地基检验包括施工前为设计提供依据的试验检测、施工过程的质量检验以及施工后为验收提供依据的工程检测。需要验证承载力及变形参数的地基应按设计要求或采用载荷试验进行检测。人工地基应进行施工验收检测。

（2）水泥土搅拌桩、旋喷桩、夯实水泥土桩的桩长、桩身强度和均匀性，判定或鉴别桩底持力层岩土性状检测，可选择水泥土钻芯法。有黏结强度、截面规则的水泥粉煤灰碎石桩、混凝土桩等桩身强度为8MPa以上的竖向增强体的完整性检测可选择低应变法试验。

（3）人工地基检验应在竖向增强体满足龄期要求及地基施工后周围土体达到休止稳定后进行，黏性土地基稳定时间不宜少于28d，粉土地基不宜少于14d，其他地基不应少于7d；有黏结强度增强体的复合地基承载力检测宜在施工结束28d后进行。

（4）验收检验时地基测试点应在同地基基础类型随机均匀分布，并在局部岩土条件复杂可能影响施工质量的部位、施工出现异常情况或对质量有异议的部位、设计认为重要的部位等位置进行布置。如采取两种或两种以上检验方法时，应根据前一种方法的检验结果确定后一种方法的抽检位置。

（5）桩基基桩检验可分为施工前为设计提供依据的试验桩检测和施工后为验收提供依据的工程桩检测。施工完成后的工程桩应进行单桩承载力和桩身完整性检测。验收检测时，宜先进行桩身完整性检测，后进行承载力检测，承载力检测的前、后，宜分别对受检桩、锚桩进行桩身完整性检测。桩身完整性分类见表3-3。

桩身完整性分类表　　　　　　　　　　　　　　　　　　表3-3

桩身完整性类别	分类原则
Ⅰ类桩	桩身完整
Ⅱ类桩	桩身有轻微缺陷，不会影响桩身结构承载力的正常发挥
Ⅲ类桩	桩身有明显缺陷，对桩身结构承载力有影响
Ⅳ类桩	桩身存在严重缺陷

受检桩宜选择施工质量有疑问的桩、局部地基条件出现异常的桩、承载力验收检测时部分选择完整性检测中判定的Ⅲ类桩、设计方认为重要的桩、施工工艺不同的桩。

（6）为设计提供依据的试验桩检测应依据设计确定的基桩受力状态，采用相应的静载试验方法确定单桩极限承载力，检测数量应满足设计要求，且在同一条件下不应少于3根；当预计工程桩总数小于50根时，检测数量不应少于2根。

（7）混凝土桩的桩身完整性检测数量，设计等级为甲级或地基条件复杂、成桩质量可靠性较低的灌注桩工程不应少于总桩数的30%，且不应少于20根；其他桩基工程不应少于总桩数的20%，且不应少于10根；所有桩基工程，每个柱下承台检测桩数不应少于1根。

（8）采用单桩竖向抗压静载试验进行承载力验收检测的桩基工程，检测数量不应少于同一条件下桩基分项工程总桩数的1%，且不应少于3根；当总桩数小于50根时，检测数量不应少于2根。

建筑地基的检验方法有地基载荷试验（包括土岩体地基载荷试验和复合地基载荷试验）、标准贯入试验、圆锥动力触探试验、静力触探试验、十字板剪切试验、水泥土钻芯法试验、低应变法试验、扁铲侧胀试验、多道瞬态面波试验等；建筑基础的检验方法主要有桩基基桩检测中的单桩竖向抗压静载试验、单桩竖向抗拔静载试验、单桩水平静载试验、钻芯法、低应变、高应变、声波投射法等。

建筑地基检验应根据检验对象情况，选择深浅结合、点面结合、载荷试验和其他原位测试相结合的多种试验方法综合检验。各种地基检验方法及适用范围见表3-4。

建筑地基检验方法及适用范围　　　　　　　　　　　表3-4

检验方法	方法简介	适用范围
载荷试验	通过一定尺寸的承压板，对岩土体施加垂直荷载，观测岩土体在各级荷载下的下沉量，以研究岩土体在荷载作用下的变形特征，确定岩土体的承载力、变形模量等工程特性的方法	适用于检测天然地基与人工地基的承载力和变形参数
标准贯入试验	将质量为63.5kg的穿心锤，以76cm的落距自由下落，将标准规格的贯入器打入土层，每打入30cm记录锤击数的原位试验方法	适用于判定砂土、粉土、黏性土天然地基及其采用换填垫层、压实、挤密、夯实、注浆加固等处理后的地基承载力、变形参数，评价加固效果以及砂土液化判别
圆锥动力触探试验	用一定质量的击锤，以自由落体将圆锥探头打入土中，根据打入土中一定深度所需的锤击数，判定土的性质的原位试验方法，分为轻型、重型和超重型动力触探试验	轻型动力触探试验适用于评价黏性土、粉土、粉砂、细砂地基及其人工地基的地基土性状、地基处理效果和判定地基承载力；重型动力触探试验适用于评价黏性土、粉土、砂土、中密以下的碎石土及其人工地基以及极软岩的地基土性状、地基处理效果和判定地基承载力；超重型动力触探试验适用于评价密实碎石土、极软岩和软岩等地基土性状和判定地基承载力
静力触探试验	以静压力将一定规格的锥形探头压入土层，根据其所受抗阻力大小评价土层力学性质，并间接估计土层各深度处的承载力、变形模量和进行土层划分的原位试验方法	适用于判定软土、一般黏性土、粉土和砂土的天然地基及采用换填垫层、预压、压实、挤密、夯实处理的人工地基的地基承载力、变形参数和评价地基处理效果
十字板剪切试验	将十字形翼板插入软土按一定速率旋转，测出土破坏时的抵抗扭矩，求软土抗剪强度的原位试验方法	适用于饱和软黏性土天然地基及其人工地基的不排水抗剪强度和灵敏度试验
水泥土钻芯法试验	用钻机从水泥土桩中心钻取芯样，检测桩长、桩身缺陷、判定或鉴别桩端岩土性状的方法	适用于检测水泥土桩的桩长、桩身强度和均匀性，判定或鉴别桩底持力层岩土性状
低应变法试验	采用低能量瞬态（锤击）或稳态（激振器）方式在桩顶激振，产生弹性波，弹性波在桩身传播遇到缺陷或桩底产生反射波，通过对采集的反射波进行分析，判断桩身完整性的方法	适用于检测有粘结强度、规则截面的桩身强度大于8MPa竖向增强体的完整性，判定缺陷的程度及位置
扁铲侧胀试验	将扁铲形探头贯入土中，用气压使扁铲侧面的圆形钢膜向孔壁扩张，根据压力与变形关系，测定土的模量及其他有关工程特性指标的原位试验方法	适用于判定黏性土、粉土和松散中密的砂土、预压地基和注浆加固地基的承载力和变形参数，评价液化特性和地基加固前后效果对比。在密实的砂土、杂填土和含砾土层中不宜采用
多道瞬态面波试验	采用多个通道的仪器，同时记录震源锤击地面形成的完整面波（特指瑞利波）记录，利用瑞利波在层状介质中的几何频散特性，通过反演分析频散曲线获取地基瑞利波速度来评价地基的波速、密实性、连续性等的原位试验方法	适用于天然地基及换填、预压、压实、夯实、挤密、注浆等方法处理的人工地基的波速测试。根据波速评价地基均匀性，判定砂土地基液化，提供动弹性模量等动力参数

　　建筑桩基基桩检验应根据各种检验方法的适用范围和特点，结合地基条件、桩型及施工质量可靠性、使用要求等因素，合理选择检验方法。建筑桩基基桩检验方法及适用范围见表3-5。

建筑桩基基桩检测方法及适用范围　　　　　　　　　　表3-5

检验方法	方法简介	适用范围
单桩竖向抗压静载试验	在桩顶部逐级施加竖向压力，观测桩顶部随时间产生的沉降，以确定相应的单桩竖向抗压承载力的试验方法	适用于检测单桩的竖向抗压承载力
单桩竖向抗拔静载试验	在桩顶部逐级施加竖向上拔力，观测桩顶部随时间产生的上拔位移，以确定相应的单桩竖向抗拔承载力的试验方法	适用于检测单桩的竖向抗拔承载力
单桩水平静载试验	在桩顶部逐级施加水平推力，观测桩顶部随时间产生的水平位移，以确定相应的单桩水平承载力的试验方法	适用于在桩顶自由的试验条件下，检测单桩的水平承载力，推定地基土水平抗力系数的比例系数
钻芯法	用钻机钻取芯样，检测桩长、桩身缺陷、桩底沉渣厚度以及桩身混凝土的强度，判定或鉴别桩端岩土性状的方法	适用于检测混凝土灌注桩的桩长、桩身混凝土强度、桩底沉渣厚度和桩身完整性
低应变法	采用低能量瞬态（锤击）或稳态（激振器）方式在桩顶激振，产生弹性波，弹性波在桩身传播遇到缺陷或桩底产生反射波，通过对采集的反射波进行分析，判断桩身完整性的方法	适用于检测混凝土桩的桩身完整性，判定桩身缺陷的程度及位置
高应变法	用重锤冲击桩顶，实测桩顶附近或桩顶部的速度和力时程曲线，通过波动理论分析，对单桩竖向抗压承载力和桩身完整性进行判定的检测方法	适用于检测基桩的竖向抗压承载力和桩身完整性；监测预制桩打入时的桩身应力和锤击能量传递比，为选择沉桩工艺参数及桩长提供依据
声波投射法	在预埋声测管之间发射并接收声波，通过实测声波在混凝土介质中传播的声学参数的相对变化，对桩身完整性进行检测的方法	适用于混凝土灌注桩的桩身完整性检测，判定桩身缺陷的位置、范围和程度

下面介绍几种常用的地基基础检验方法：

（1）地基载荷试验

地基载荷试验是在地基岩土体或复合地基上通过一定尺寸的承压板施加垂直荷载，观测地基在各级荷载下的沉降量，根据地基在荷载作用下的变形特征，确定地基承载力和变形性能的方法，是一种在现场模拟建筑物基础工作条件的原位测试方法。

地基载荷试验分为土（岩）地基载荷试验和复合地基载荷试验，土（岩）地基载荷试验根据地基土的深度和种类分为浅层平板载荷试验、深层平板载荷试验和岩基载荷试验。深层平板载荷试验指的是深度不小于5m的深层地基土或大直径桩的桩端土的载荷试验。

1）适用范围

土（岩）地基载荷试验适用于检测天然土质地基、岩石地基及采用换填、预压、压实、挤密、强夯、注浆处理后的人工地基的承压板下应力影响范围内的承载力和变形参数。

复合地基载荷试验适用于水泥土搅拌桩、砂石桩、旋喷桩、夯实水泥土桩、水泥粉煤灰碎石桩、混凝土桩、树根桩、灰土桩、柱锤冲扩桩及强夯置换墩等竖向增强体和周边地基土组成的复合地基的单桩复合地基和多桩复合地基载荷试验，用于测定承压板下应力影响范围内的复合地基的承载力特征值。

2）仪器设备

地基载荷试验的主要仪器设备有压重平台反力装置、承压板、千斤顶、荷重、荷重传感器、位移传感器、百分表、基准桩、基准梁等（图3-7、图3-8）。

图3-7　地基载荷试验设备

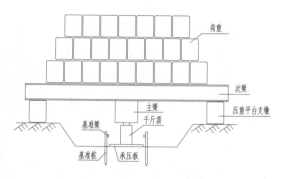

图3-8　地基载荷试验示意图

3）试验要求

①土（岩）地基载荷试验的检测数量，对单位工程每500m²不应少于1点，且总点数不应少于3点，复杂场地或重要建筑地基应增加检测数量。复合地基载荷试验的检测数量，单位工程不应少于总桩数的0.5%，且不应少于3点。

②土（岩）地基载荷试验的承压板可采用圆形、正方形钢板或钢筋混凝土板。浅层平板载荷试验承压板面积不应小于0.25m²，换填垫层和压实地基承压板面积不应小于1.0m²，强夯地基承压板面积不应小于2.0m²。深层平板载荷试验的承压板直径不应小于0.8m。岩基载荷试验的承压板直径不应小于0.3m。承压板下用粗砂或中砂层找平，厚度不应超过20mm。复合地基载荷试验中，单桩复合地基载荷试验的承压板可用圆形或方形，面积为一根桩承担的处理面积；多桩复合地基载荷试验的承压板可用方形或矩形，其尺寸按实际桩数所承担的处理面积确定，宜采用预制或现场制作并应具有足够刚度。试验时承压板中心应与增强体的中心（或形心）保持一致，并应与荷载作用点相重合。承压板下宜铺设100～150mm厚度的粗砂或中砂垫层。

③工程验收检测的平板载荷试验最大加载量不应小于设计承载力特征值的2倍，岩石地基载荷试验最大加载量不应小于设计承载力特征值的3倍；为设计提供依据的载荷试验应加载至极限状态，极限状态的极限荷载确定方法详见本教材3.3节终止加载条件。

④加载反力宜选择压重平台反力装置，加载反力装置能提供的反力不得小于最大加载量的1.2倍。

⑤浅层平板载荷试验的试坑宽度或直径不应小于承压板边宽或直径的3倍；复合地基载荷试验的试坑宽度和长度不应小于承压板尺寸的3倍。

⑥承压板与基准桩之间的净距应大于承压板边宽或直径，其大于2.0m；承压板与压重平台支墩之间的净距应大于承压板边宽或直径和支墩宽度，且大于2.0m；基准桩与压重平台支墩之间的净距应大于1.5倍支墩宽度，且大于2.0m。

⑦试验前应采取措施，保持试坑或试井底岩土的原状结构和天然湿度不变。当试验标高低于地下水位时，应将地下水位降至试验标高以下，再安装试验设备，待水位恢复后方可进行试验。

（2）低应变法检测桩身完整性试验

低应变法是采用低能量瞬态（锤击）或稳态（激振器）方式在桩身顶部进行竖向激振产生弹性波，弹性波沿着桩身向下传播，当遇到差异界面或桩身缩径、扩径或断桩等异常部位时，产生反射波由传感器接收，通过对反射信息的分析计算判断桩身混凝土的完整性、缺陷程度及位置试验方法。

1）适用范围

低应变法适用于检测混凝土桩的桩身完整性，判定桩身缺陷的程度及位置。

2）仪器设备

低应变法的仪器设备有检测仪器、瞬态激振设备（力锤和锤垫）、稳态激振器、传感器（图3-9、图3-10）。

图3-9　低应变法仪器设备　　　　　　图3-10　低应变法现场检测

3）试验要求

①对桩身截面多变且变化幅度较大的灌注桩，应采用其他方法辅助验证低应变法检测的有效性。

②瞬态激振设备应包括能激发宽脉冲和窄脉冲的力锤和锤垫；力锤可装有力传感器；稳态激振设备应为电磁式稳态激振器，其激振力可调，扫频范围为10～2000Hz。

③低应变法受检桩混凝土强度不应低于设计强度的70%，且不应低于15MPa。

（3）单桩竖向抗压静载试验

单桩竖向抗压静载试验是在桩顶部逐级施加竖向压力，观测桩顶部随时间产生的沉降，根据沉降量与施加压力的关系确定相应的单桩竖向抗压承载力的试验方法。

1）适用范围

本方法适用于检测单桩的竖向抗压承载力。

2）仪器设备

单桩竖向抗压静载试验的主要仪器设备有反力装置、千斤顶、荷重、荷重传感器、位移传感器、百分表、基准桩、基准梁等（图3-11～图3-14）。

图3-11　锚桩反力装置载荷试验设备

图3-12　压重平台反力装置载荷试验设备

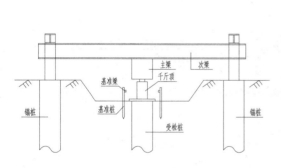

图3-13　锚桩反力装置试验示意图

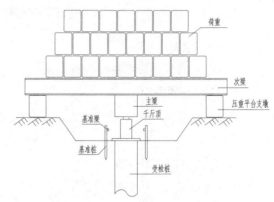

图3-14　压重平台反力装置试验示意图

3）试验要求

①承载力检测的开始时间：受检桩的混凝土龄期达到28d，或受检桩同条件养护试件强度达到设计强度要求，并满足休止时间后可开始检测。休止时间可为：砂土7d，粉土10d，非饱和黏性土15d，饱和黏性土25d。

②为设计提供依据的试验桩，应加载至桩侧与桩端的岩土阻力达到极限状态，工程桩验收检测时，加载量不应小于设计要求的单桩承载力特征值的2.0倍。

③加载反力装置可根据现场条件，选择锚桩反力装置、压重平台反力装置、锚桩压重联合反力装置、地锚反力装置等。选择锚桩反力装置，工程桩作锚桩时，锚桩数量不宜少于4

根，且应对锚桩上拔量进行监测。加载反力装置提供的反力不得小于最大加载值的1.2倍。

④沉降测定平面宜设置在桩顶以下200mm的位置，测点应固定在桩身上。

⑤试桩、锚桩（压重平台支墩边）和基准桩之间的中心距离，应符合表3-6的规定。当试桩或锚桩为扩底桩或多支盘桩时，试桩与锚桩的中心距不应小于2倍扩大端直径。

试桩、锚桩（压重平台支墩边）和基准桩之间的中心距离 表3-6

反力装置	距离		
	试桩中心与锚桩中心（或压重平台支墩边）	试桩中心与基准桩中心	基准桩中心与锚桩中心（或压重平台支墩边）
锚桩横梁	≥4（3）D且>2.0m	≥4（3）D且>2.0m	≥4（3）D且>2.0m
压重平台	≥4（3）D且>2.0m	≥4（3）D且>2.0m	≥4（3）D且>2.0m
地锚装置	≥4D且>2.0m	≥4（3）D且>2.0m	≥4D且>2.0m

注：1. D为试桩、锚桩或地锚的设计直径或边宽，取其较大者；
    2. 括号内数值可用于工程桩验收检测时多排桩设计桩中心距小于4D或压重平台支墩下2～3倍宽影响范围内的地基土已进行加固处理的情况。

3.3 操作训练

3.3.1 任务一：地基载荷试验检测操作

1. 检测准备

检测前，对仪器设备进行检查调试，并保证在计量检定或校准周期的有效期内。

2. 检测点的确定

按设计要求或单位工程检测点的要求确定检测点的数量（详见本教材3.2节地基载荷试验要求）。

3. 安装检测仪器设备

按试验要求依次安装压重平台反力装置、承压板、千斤顶、荷重、荷重传感器、位移传感器、百分表、基准桩、基准梁等仪器设备。位移测量仪表应安装在承压板上，各位移测量点距承压板边缘的距离应一致，宜为25～50mm；对于方形板，位移测量点应位于承压板每边中点。当承压板面积大于0.5m²时，应在其两个方向对称安置4个位移测量仪表，当承压板面积小于等于0.5m²时，可对称安置2个位移测量仪表。

4. 预压

正式试验前宜进行预压。预压荷载宜为最大加载量的5%，预压时间宜为5min。预压后卸载至零，测读位移测量仪表的初始读数并应重新调整零位。

5. 加载、卸载

采用慢速维持荷载法分级逐级等量进行加载和卸载，分级荷载宜为最大试验荷载（或复合地基预估极限承载力）的1/12～1/8（基岩荷载试验为1/15），第一级加载荷载可取分级荷载的2倍，每级卸载量为分级荷载的2倍，非复合地基当加载等级为奇数级时，第一级卸载量宜取分级荷载的3倍。

地基土平板载荷试验的慢速维持荷载法的试验步骤应按下列规定进行：

（1）每级荷载施加后应按第10、20、30、45、60min测读承压板的沉降量，以后应每隔半小时测读一次；

（2）承压板沉降相对稳定标准：在连续两小时内，每小时的沉降量应小于0.1mm；

（3）当承压板沉降速率达到相对稳定标准时，应再施加下一级荷载；

（4）卸载时，每级荷载维持1h，应按第10、30、60min测读承压板沉降量；卸载至零后，应测读承压板残余沉降量，维持时间为3h，测读时间应为第10、30、60、120、180min。

复合地基平板载荷试验的慢速维持荷载法的试验步骤应按下列规定进行：

（1）每加一级荷载前后均应各测读承压板沉降量一次，以后每30min测读一次；

（2）承压板沉降相对稳定标准：1h内承压板沉降量不应超过0.1mm；

（3）当承压板沉降速率达到相对稳定标准时，应再施加下一级荷载；

（4）卸载时，每级荷载维持1h，应按第30、60min测读承压板沉降量；卸载至零后，应测读承压板残余沉降量，维持时间为3h，测读时间应为第30、60、180min。

6．终止加载

地基土平板载荷试验中，出现下列情况之一时，可终止加载：

（1）当浅层载荷试验承压板周边的土出现明显侧向挤出，周边土体出现明显隆起；岩基载荷试验的荷载无法保持稳定且逐渐下降；

（2）本级荷载的沉降量大于前级荷载沉降量的5倍，荷载与沉降曲线出现明显陡降；

（3）在某一级荷载下，24h内沉降速率不能达到相对稳定标准；

（4）浅层平板载荷试验的累计沉降量已大于等于承压板边宽或直径的6%或累计沉降量大于等于150mm；深层平板载荷试验的累计沉降量与承压板径之比大于等于0.04；

（5）加载至要求的最大试验荷载且承压板沉降达到相对稳定标准。

当出现第（1）、（2）、（3）款情况时，取前一级荷载值作为极限荷载；当出现第（5）款情况时，取最大试验荷载作为极限荷载。

复合地基平板载荷试验中，出现下列情况之一时，可终止加载：

（1）沉降急剧增大，土被挤出或承压板周围出现明显的隆起；

（2）承压板的累计沉降量已大于其边长（直径）的6%或大于等于150mm；

（3）加载至要求的最大试验荷载，且承压板沉降速率达到相对稳定标准。

当出现第（1）、（2）款情况之一时，可视为复合地基出现破坏状态，其对应的前一级荷载应定为极限荷载。

7．数据处理

按《建筑地基检测技术规范》JGJ 340—2015规定的方法确定地基承载力特征值和变形参数。

3.3.2　任务二：低应变法检测桩身完整性试验操作

1．检测准备

检测前，对仪器设备进行检查调试，保证稳态激振器扫频范围在10～2000Hz之间。

2．受检桩的选择及桩头处理

受检桩按本章3.2节检验要求中的检测数量进行选择。应保证桩头的材质、强度与桩身相同，桩头的截面尺寸不宜与桩身有明显差异，桩顶面应平整、密实，并与桩轴线垂直。灌注桩应凿去桩顶浮浆或松散、破损部分，露出坚硬的混凝土表面，桩顶表面应平整干净且无积水。

3．测试参数的设定

（1）时域信号记录的时间段长度应在$2L/c$时刻后延续不少于5ms；幅频信号分析的频率范围上限不应小于2000Hz；

（2）设定桩长应为桩顶测点至桩底的施工桩长，设定桩身截面积应为施工截面积；

（3）桩身波速可根据本地区同类型桩的测试值初步设定；

（4）采样时间间隔或采样频率应根据桩长、桩身波速和频域分辨率合理选择；时域信号采样点数不宜少于1024点；

（5）传感器的设定值应按计量检定或校准结果设定。

4．测量传感器的安装

根据桩径大小，桩心对称布置2～4个安装传感器的检测点，在测试点可用耦合剂将传感器黏结固定，并保证传感器与桩顶面垂直。激振点和检测点应远离钢筋笼主筋，实心桩的激振点应选择在桩中心，检测点宜在距桩中心2/3半径处；空心桩的激振点和检测点宜为桩壁厚的1/2处，激振点和检测点与桩中心连线形成的夹角宜为90°（图3-15）。

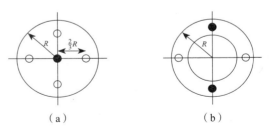

图3-15　传感器安装点荷激振（锤击）点布置示意图

（a）实心桩；（b）空心桩
○传感器安装点；●激振锤击点

5．激振

瞬态激振用力锤在激振点锤垫上沿桩轴线方向敲击，通过改变锤的重量和锤头材料，可改变冲击入射波的脉冲宽度和频率成分。宜用宽脉冲获取桩底或桩身下部缺陷反射信号，宜用窄脉冲获取桩身上部缺陷反射信号。

稳态激振应在每一个设定频率下获得稳定响应信号，并应根据桩径、桩长及桩周土约束情况调整激振力大小。稳态激振器的安装宜采用柔性悬挂装置，同时在测试过程中应避免激振器出现横向振动。

6．信号采集

检测人员应对所获取的波形进行判断和筛选，信号不应失真和产生零漂，信号幅值不应大于测量系统的量程。不同检测点及多次实测时域信号一致性较差时，应分析原因，增加检测点数量，每个检测点记录的有效信号数不宜少于3个。

7．数据处理

按《建筑基桩检测技术规范》JGJ 106—2014规定的方法进行桩身完整性判定。

3.3.3　任务三：单桩竖向抗压静载试验检测操作

1．检测准备

检测前，对仪器设备进行检查调试，保证在计量检定或校准周期的有效期内。

2．受检桩的选择

按本章3.2节中检验要求选择受检桩和确定受检桩数量。

3．安装检测仪器设备

按试验要求依次安装反力装置、千斤顶、荷重传感器、位移传感器、百分表、基准桩、基准梁等仪器设备。

4．加载、卸载

加载应分级进行，且采用逐级等量加载；分级荷载宜为最大加载值或预估极限承载力的1/10，其中，第一级加载量可取分级荷载的2倍；卸载应分级进行，每级卸载量宜取加载时分级荷载的2倍，且应逐级等量卸载。

为设计提供依据的单桩竖向抗压静载试验应采用慢速维持荷载法加载，工程桩验收检测宜采用慢速维持荷载法，并符合下列规定：

（1）每级荷载施加后，应分别按第5、15、30、45、60min测读桩顶沉降量，以后每隔30min测读一次桩顶沉降量；

（2）试桩沉降相对稳定标准：每1h内的桩顶沉降量不得超过0.1mm，并连续出现两次（从分级荷载施加后的第30min开始，按1.5h连续三次每30min的沉降观测值计算）；

（3）当桩顶沉降速率达到相对稳定标准时，可施加下一级荷载；

（4）卸载时，每级荷载应维持1h，分别按第15、30、60min测读桩顶沉降量后，即可卸下一级荷载；卸载至零后，应测读桩顶残余沉降量，维持时间不得少于3h，测读时间分别为第15、30min，以后每隔30min测读一次桩顶残余沉降量。

5．终止加载

单桩竖向抗压静载试验中，当出现下列情况之一时，可终止加载：

（1）某级荷载作用下，桩顶沉降量大于前一级荷载作用下的沉降量的5倍，且桩顶总沉降量超过40mm；

（2）某级荷载作用下，桩顶沉降量大于前一级荷载作用下的沉降量的2倍，且经24h尚未达到相对稳定标准；

（3）已达到设计要求的最大加载值且桩顶沉降达到相对稳定标准；

（4）工程桩作锚桩时，锚桩上拔量已达到允许值；

（5）荷载–沉降曲线呈缓变形时，可加载至桩顶总沉降量60～80mm；当桩端阻力尚未充分发挥时，可加载至桩顶累计沉降量超过80mm。

6．数据处理

按《建筑基桩检测技术规范》JGJ 106—2014规定的方法确定单桩竖向抗压承载力特征值。

常见结构检验 4

本章要点

本章主要介绍混凝土结构、砌体结构、钢结构和木结构的检验项目、检验要求和操作要点。重点对回弹法、推出法、超声波探伤法等常见结构检测方法、设备仪器和结果处理进行了阐述。

知识目标

了解混凝土结构、砌体结构、钢结构和木结构的检验项目；熟悉混凝土结构、砌体结构、钢结构和木结构检验要求及方法；掌握回弹法、推出法、超声波探伤法等常见结构检测方法的操作要点。

能力目标

能够采用常用结构检验方法进行结构强度、缺陷等项目的检测；具备常用检测项目的操作能力。

【引例】

某楼盘交付不久，屋面钢筋混凝土楼板出现不规则的裂缝（图4-1），有的顺裂缝还出现渗漏，由此引发许多业主的强烈不满；有提出要求退楼，有提出要求索赔，也有业主要求

图4-1 屋面顶板裂缝、渗漏

维修处理的。由于做了装修，其维修施工难度较大、维修费用较高。

原因分析：

（1）混凝土坍落度的失控，是屋面板裂缝的重要原因。如果屋面混凝土施工中，出现坍落度过高，加上天气出现的情况，较容易出现水饱和现象，造成成品裂缝。

（2）混凝土的养护不当是屋面板裂缝的主要原因。屋面是最后一道混凝土结构施工，无法利用循环用水来保养，如保养期内出现疏忽，就会出现裂缝现象。

（3）预埋管线位置不当，容易导致屋面板裂缝。预埋在混凝土中的水管、电线管过多，集中在一个地方排放，特别是在结构的受力面受到影响，非裂缝不可。

（4）设计失误导致屋面板裂缝原因。此类原因很多，如受力配筋、屋面板厚或其他失误有可能造成屋面板裂缝。

4.1　混凝土结构检验

4.1.1　混凝土结构检验项目及要求

1．检验项目

混凝土结构的检验可分为原材料性能、混凝土强度、混凝土构件外观质量与缺陷、尺寸与偏差、变形与损伤、钢筋配置与锈蚀以及结构荷载与结构性能等项目（表4-1）。

混凝土结构检验项目　　　　　　　　　　　　　　　　　　　表4-1

序号	检验项目	检验分项	检验方法
1	原材料性能	1）混凝土的质量或性能； 2）钢筋的质量或性能； 3）既有结构钢筋抗拉强度； 4）锈蚀钢筋、受火灾影响的钢筋	1）质量或性能检测； 2）力学性能及化学成分分析； 3）钢筋表面硬度等非破损检测与取样检验相结合法； 4）构件中截取检测力学性能
2	混凝土强度	1）混凝土抗压强度； 2）混凝土抗拉强度； 3）受到环境侵蚀或遭受火灾、高温等影响，构件中未受到影响部分混凝土的强度	1）回弹法、超声回弹综合法、后装拔出法或钻芯法； 2）劈裂法、直拉法； 3）钻芯法、回弹法、回弹加钻芯修正法
3	混凝土构件外观质量与缺陷	1）蜂窝、麻面、空洞、夹渣、露筋、疏松区、不同时间浇筑的混凝土结合面质量； 2）裂缝：位置、长度、宽度、深度、形态和数量	1）目测、尺量法； 2）表格或图形记录、超声法、钻芯法、观测法、冲击反射法、局部破损法
4	尺寸与偏差	1）构件截面尺寸； 2）标高； 3）轴线尺寸； 4）预埋件位置； 5）构件垂直度； 6）表面平整度	1）尺量； 2）水准仪或拉线、尺量； 3）经纬仪及尺量； 4）尺量； 5）经纬仪或吊线、尺量； 6）2m靠尺和塞尺量测

续表

序号	检验项目	检验分项	检验方法
5	变形与损伤	1）构件的挠度； 2）结构的倾斜； 3）基础不均匀沉降； 4）环境侵蚀损伤； 5）灾害损伤； 6）人为损伤； 7）混凝土有害元素造成的损伤； 8）预应力锚夹具损伤	1）激光测距仪、水准仪或拉线等方法； 2）经纬仪、激光定位仪、三轴定位仪、吊锤； 3）水准仪、沉降观测； 4）确定侵蚀源、侵蚀程度和侵蚀速度，冻伤应测定冻融损伤程度、面积； 5）确定灾害影响区域和受灾害影响的构件，确定影响程度； 6）确定损伤程度； 7）现场检查、薄片沸煮检测、芯样试件检测、酚酞酒精溶液测定、氯离子含量测定； 8）尺量
6	钢筋配置与锈蚀	1）钢筋配置检测：钢筋位置、保护层厚度、直径、数量等； 2）钢筋锈蚀情况检测	1）非破损的雷达法、电磁感应法，必要时凿开检测； 2）剔凿检测法、电化学测定法、综合分析判定法
7	结构荷载与结构性能	1）构件承载力、刚度、抗裂性能； 2）重要和大型公共建筑中混凝土结构的动力测试	1）构件性能实荷检验； 2）结构动力测试法

2．检验要求

（1）原材料性能

1）混凝土原材料的质量或性能检验，可对剩余的同批、同等级与结构工程质量问题有关联的原材料进行检验；当没有与结构中同批、同等级的剩余原材料时，可从结构中取样进行检测。

2）钢筋的质量或性能检验，可对剩余的同批钢筋进行力学性能检验或化学成分分析；需要检测结构中的钢筋时，可在构件中截取检验；进行钢筋力学性能的检验时，同一规格钢筋的抽检数量应不少于一组。

3）既有结构钢筋抗拉强度的检测，可采用钢筋表面硬度等非破损检测方法与取样检验相结合的方法。

4）需要检测锈蚀钢筋、受火灾影响等钢筋的性能时，可在构件中截取钢筋进行力学性能检测。在检测报告中应对测试方法与标准方法的不符合程度和检测结果的适用范围等予以说明。

（2）混凝土强度

1）结构或构件混凝土抗压强度，可采用回弹法、超声回弹综合法、后装拔出法或钻芯法等方法进行检测。当采用回弹法、超声回弹综合法、后装拔出法时，被检测混凝土的表层质量应具有代表性，如不具有代表性时，应采用钻芯法。当被检测混凝土的龄期或抗压强度超过回弹法、超声回弹综合法或后装拔出法等相应技术规程限定的范围时，可采用钻芯法或钻芯修正法。在回弹法、超声回弹综合法或后装拔出法适用的条件下，宜进行钻芯修正或利用同条件养护立方体试块的抗压强度进行修正。

2）混凝土的抗拉强度，可采用对直径100mm的芯样试件施加劈裂荷载或直拉荷载的方法检测。

3）检测受到环境侵蚀或遭受火灾、高温等影响构件中未受到影响部分混凝土的强度时，当混凝土受影响层能剔除时，可采用回弹法或回弹加钻芯修正的方法，不能剔除时应采用钻芯法，在加工芯样试件时，将芯样上混凝土受影响层切除。

（3）混凝土构件外观质量与缺陷

1）混凝土构件外观缺陷，可采用目测与尺量的方法检测；检测数量，对于建筑结构工程质量检测时宜为全部构件。

2）结构或构件裂缝的检测，应包括裂缝的位置、长度、宽度、深度、形态和数量；裂缝的记录可采用表格或图形的形式；裂缝深度，可采用超声法检测，必要时可钻取芯样予以验证；对于仍在发展的裂缝应进行定期观测，提供裂缝发展速度的数据。

3）混凝土内部缺陷的检测，可采用超声法、冲击反射法等非破损方法；必要时可采用局部破损方法对非破损的检测结果进行验证。

（4）尺寸与偏差

1）现浇混凝土结构及预制构件的尺寸，应以设计图纸规定的尺寸为基准确定尺寸的偏差，尺寸的检测方法和尺寸偏差的允许值应按《混凝土结构工程施工质量验收规范》GB 50204—2015确定。

2）对于受到环境侵蚀和灾害影响的构件，其截面尺寸应在损伤最严重部位量测，在检测报告中应提供量测的位置和必要的说明。

（5）变形与损伤

1）混凝土构件的挠度，可采用激光测距仪、水准仪或拉线等方法检测；混凝土构件或结构的倾斜，可采用经纬仪、激光定位仪、三轴定位仪或吊锤的方法检测，宜区分倾斜中施工偏差造成的倾斜、变形造成的倾斜、灾害造成的倾斜等；混凝土结构的基础不均匀沉降，可用水准仪检测，当需要确定基础沉降的发展情况时，应在混凝土结构上布置测点进行观测。

2）混凝土损伤检测时，对环境侵蚀，应确定侵蚀源、侵蚀程度和侵蚀速度；对混凝土的冻伤，可采用钻芯法、超声回弹综合法和超声法进行检测，并测定冻融损伤深度、面积；对火灾等造成的损伤，应确定灾害影响区域和受灾害影响的构件，确定影响程度；对于人为的损伤，应确定损伤程度；宜确定损伤对混凝土结构的安全性及耐久性影响的程度。

3）对于未封闭在混凝土内的预应力锚夹具的损伤，可用卡尺、钢尺直接量测。

（6）钢筋配置与锈蚀

1）钢筋位置、保护层厚度和钢筋数量，宜采用非破损的雷达法或电磁感应法进行检测，必要时可凿开混凝土进行钢筋直径或保护层厚度的验证。

2）有相应检测要求时，可对钢筋的锚固与搭接、框架节点及柱加密区箍筋和框架柱与墙体的拉结筋进行检测。

（7）结构荷载与结构性能

1）需要确定混凝土构件的承载力、刚度或抗裂等性能时，可进行构件性能的实荷检验。

2）当仅对结构的一部分做实荷检验时，应使有问题部分或可能的薄弱部位得到充分的检验。

4.1.2 检验方法

1. 回弹法检测混凝土抗压强度

（1）回弹法

回弹法是用一弹簧驱动的弹击杆（传力杆），弹击混凝土表面，并测出重锤被反弹回来的距离，以回弹值（反弹距离与弹簧初始长度之比）作为与强度相关的指标，来推定混凝土抗压强度的一种方法。由于测量在混凝土表面进行，所以应属于一种表面硬度法，是基于混凝土表面硬度和强度之间存在相关性而建立的一种检测方法。不适用于表面与内部质量有明显差异或内部存在缺陷的混凝土强度检测。

（2）仪器设备

回弹法中采用的混凝土回弹仪可为数字式（图4-2）或指针直读式（图4-3）回弹仪。现场测试情况见图4-4。

图4-2　数字式回弹仪　　　　图4-3　指针直读式回弹仪　　　　图4-4　现场回弹检测

（3）检测准备

结合设计图纸、施工记录等相关资料了解结构构件混凝土类型、强度等级、外加剂、养护情况及浇筑日期等基本信息，对混凝土回弹仪进行率定。

（4）检测操作

1）检测区的选择

每一结构或构件测区数不应少于10个，对某一方向尺寸小于4.5m且另一方向尺寸小于0.3m的构件，其测区数量可适当减少，但不应少于5个。相邻两个测区的间距应控制在2m以内，测区离构件端部或施工缝边缘的距离不宜大于0.5m，且不宜小于0.2m。测区应选在使用回弹仪处于水平方向检测混凝土浇筑侧面，当不能满足这一要求时，可使回弹仪处于非水平方向检测混凝土浇筑侧面、表面或底面。测区宜选在构件的两个对称可测面上，且应均匀分布。在构件的重要部位及薄弱部位必须布置测区，并应避开预埋件。测区的面积不宜大于0.04m^2。

2）检测区的表面处理

应保证检测面为混凝土原浆面，并应清洁、平整、不应有疏松层、浮浆、油垢、涂层以及蜂窝、麻面，必要时可以用砂轮清除疏松层和杂物，且不应有残留的粉末和碎屑。

3）回弹

检测时，回弹仪的轴线应始终垂直于结构或构件的混凝土表面，缓慢施压，准确读数，快速复位。测点宜在测区范围内均匀分布，相邻测点的净距不宜小于20mm，测点距外露钢筋、预埋件的距离不宜小于30mm。测点不应在气孔或外露石子上，同一测点只应弹击一次。每一测区应读取16个回弹值，每一测点的回弹值读数应精确至1。

4）碳化深度测量

回弹测试完毕后，用打孔工具在测区表面形成直径约15mm、深度大于混凝土碳化深度的孔洞，使用橡皮鼓将孔洞内的粉末清除干净后，将浓度为1%～2%的酚酞酒精溶液滴入孔洞内壁边缘，再用碳化深度尺测量自混凝土表面至变红部位的垂直距离，测量3次，求得平均碳化值作为该测区的碳化深度值（精确至0.5mm）。碳化值的测量测区不得少于构件测区的30%，取各测区的碳化深度平均值为该构件的碳化深度值。

现场数据采集完毕后，认真清楚地将各数据记录在案，带回实验室供计算混凝土强度值。

5）数据处理

按《回弹法检测混凝土抗压强度技术规程》JGJ/T 23—2011规定的方法确定检测批或单个构件的混凝土抗压强度推定值。

2．超声回弹综合法检测混凝土抗压强度

（1）超声回弹综合法

超声回弹综合法是建立在超声波传播速度和回弹值与混凝土抗压强度之间相关关系的基础上，以声速和回弹值综合反映混凝土抗压强度的一种非破损方法。不适用于因冻害、化学侵蚀、火灾、高温等已造成表面疏松、剥落的混凝土强度检测。

（2）仪器设备

超声回弹综合法中采用的仪器有混凝土回弹仪、超声波检测仪和工作频率为50～100kHz的换能器（图4-5、图4-6）。

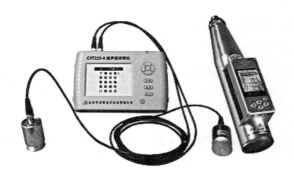

图4-5　回弹仪、超声波检测仪、换能器

图4-6　超声回弹综合法现场检测

（3）检测准备

结合设计图纸、施工记录等相关资料了解结构构件混凝土强度等级、水泥品种、外加剂、混凝土浇筑养护情况和成型日期等基本信息。对混凝土回弹仪进行率定，并检查超声波检测仪是否在计量检定有效期内。

（4）检测操作

1）检测区域布置

检测区域布置数量，按单个构件检测时，应在构件上均匀布置测区，每个构件上测区数量不应少于10个；同批构件按批抽样检测时，构件抽样数不应少于同批构件的30%，且不应少于10件；对某一方向尺寸不大于4.5m且另一方向尺寸不大于0.3m的构件，其测区数量可适当减少，但不应少于5个。

在条件允许时，测区宜优先布置在构件混凝土浇筑方向的侧面，可在构件的两个对应面、相邻面或同一面上布置，测区宜均匀布置，相邻两测区的间距不宜大于2m，测区应避开钢筋密集区和预埋件，测区尺寸宜为200mm×200mm，采用平测时宜为400mm×400mm，测试面应清洁、平整、干燥，不应有接缝、施工缝、饰面层、浮浆和油垢，并应避开蜂窝、麻面部位。必要时，可用砂轮片清除杂物和磨平不平整处，并擦净残留粉尘。结构或构件上的测区应编号，并记录测区位置和外观质量情况，对结构或构件的每一测区，应先进行回弹测试，后进行超声测试。

2）回弹检测

回弹测试时，应始终保持回弹仪的轴线垂直于混凝土测试面。宜首先选择混凝土浇筑方向的侧面进行水平方向测试。如不具备浇筑方向侧面水平测试的条件，可采用非水平状态测试，或测试混凝土浇筑的顶面或底面。测量回弹值应在构件测区内超声波的发射和接收面各弹击8点；超声波单面平测时，可在超声波的发射和接收测点之间弹击16点。每一测点的回弹值，测读精确度至1。测点在测区范围内宜均匀布置，但不得布置在气孔或外露石子上。相邻两测点的间距不宜小于30mm；测点距构件边缘或外露钢筋、铁件的距离不应小于50mm，同一测点只允许弹击一次。

3）超声测试

将换能器对准测点均匀按压固定，超声测点应布置在回弹测试的同一测区内，每一测区布置3个测点。超声测试宜优先采用对测或角测，当被测构件不具备对测或角测条件时，可采用单面平测。超声测试时，换能器辐射面应通过耦合剂与混凝土测试面良好耦合。声时测量应精确至0.1μs，超声测距测量应精确至1.0mm，且测量误差不应超过±1%。声速计算应精确至0.01km/s。

4）数据处理

按《超声回弹综合法检测混凝土强度技术规程》CECS 02—2005规定的方法确定检测批或单个构件的混凝土抗压强度推定值。

3．钻芯法检测混凝土抗压强度

（1）钻芯法

钻芯法是利用专用钻机，从结构混凝土中钻取芯样以检测混凝土强度或观察混凝土内部质量的方法。由于它对结构混凝土造成局部损伤，因此是一种半破损式的现场检测手段。适用于检测结构中强度不大于80MPa的普通混凝土强度。

（2）仪器设备

钻芯法中采用的仪器设备有钻芯机（图4-7、图4-8）、锯切机（图4-9）和磨平机（图4-10）。

图4-7 钻芯机　　图4-8 现场钻芯法取芯　　图4-9 芯样锯切机　　图4-10 芯样磨平机

（3）检测准备

结合设计图纸、施工记录等相关资料了解结构构件混凝土强度等级、水泥品种、外加剂、混凝土浇筑养护情况等基本信息。检查钻芯机钻头胎体是否有裂缝、缺边、少角、倾斜及喇叭口变形等情况，确认水冷却系统是否正常。

（4）检测操作

1）芯样钻取

钻芯前，对钻芯机通电确认旋转方向为顺时针方向，将钻芯机就位固定。芯样应从结构或构件受力较小的部位、混凝土强度具有代表性的部位和便于钻芯机安放与操作的部位钻取，也应避开构件主筋、预埋件和管线等隐蔽物，隐蔽物的位置可采用钢筋探测仪测试或局部剔凿的方法确定。在构件上钻取多个芯样时，芯样宜取自不同部位。

钻芯时，钻芯机保持匀速钻进混凝土构件，用一定流量的水对钻头进行冷却。钻取芯样后对其进行标记，并对钻取部位予以记录。如钻取的芯样高度及质量不能满足要求时，则应重新钻取芯样。钻芯后留下的孔洞采用高一级别膨胀细石混凝土进行修补。

2）芯样加工和试件

从结构或构件中钻取的混凝土芯样经过锯切和磨平等加工处理加工成符合试验规定的芯样试件。混凝土抗压、劈裂抗拉和抗折芯样试件的直径宜为100mm，抗压芯样试件的高径比（H/d）宜为1；劈裂抗拉芯样试件的高径比（H/d）宜为2，且任何情况下不应小于1；抗折芯样试件的高径比（H/d）宜为3.5。

在加工芯样过程中应注意检查芯样中是否含有钢筋，如含有一根直径大于10mm的钢筋或含有两根以上钢筋的芯样不能作为抗压芯样试件使用，劈裂抗拉芯样试件在劈裂破坏面内不应含有钢筋，抗折芯样试件内不应有纵向钢筋。

锯切后的芯样应进行端面磨平处理，抗压芯样试件可在磨平机上磨平端面，也可采用硫黄胶泥或环氧胶泥补平，补平层厚度不宜大于2mm。但抗压强度低于30MPa的芯样试件一般不宜采用磨平端面处理，抗压强度高于60MPa的芯样试件一般不宜采用硫黄胶泥或环氧胶泥补平处理。劈裂抗拉芯样试件和抗折芯样试件宜采用在磨平机上磨平端面的处理方法进行端面处理。

锯切磨平端面处理的芯样试件在试验前进行外形尺寸测量和外观质量的检查。外形尺寸测量包括试件直径、高度、垂直度和平整度，直径用游标卡尺在芯样试件上部、中部和下部相互垂直的两个位置上共测量六次，取测量的算术平均值；高度可用钢卷尺或钢板尺进行测量；垂直度用游标量角器测量芯样试件两个端面与母线的夹角，取最大值作为芯样试件的垂直度；平整度可用钢板尺或角尺紧靠在芯样试件承压面（线）上，一面转动钢板尺，一面用塞尺测量钢板尺与芯样试件承压面（线）之间的缝隙，取最大缝隙为芯样试件的平整度；也可采用其他专用设备测量。

在外形尺寸测量和外观质量检查中，如发现抗压芯样试件的实际高径比（H/d）小于要求高径比的0.95或大于1.05、端面与轴线的不垂直度超过1°、端面的不平整度在每100mm长度内超过0.1mm等情况时，试件按无效处理。劈裂抗拉和抗折芯样试件承压线的不平整度在每100mm长度内超过0.25mm时，进行无效处理。所有类型试件沿芯样试件高度的任一直径与平均直径相差超过1.5mm和有较大缺陷时，试件按无效处理。

3）芯样试件试验

芯样试件进行形尺寸测量和外观质量检查合格后方可进行强度试验。

4）数据处理

钻芯法可确定检测批或单个构件的混凝土抗压强度、劈裂抗拉强度和抗折强度推定值，也可确定通过钻芯修正方法修正间接强度检测方法得到的混凝土抗压强度换算值。有关强度计算方法详见《钻芯法检测混凝土强度技术规程》JGJ/T 384—2016。

4．混凝土裂缝检测

混凝土裂缝检测包括裂缝的位置、长度、宽度、深度、形态和数量等项目。

（1）检测方法

混凝土裂缝的位置、形态和数量等主要采用观察检查的方法进行，当混凝土裂缝宽度较小，人眼不能直接观察时，可借助放大镜等辅助工具进行放大观察。

裂缝宽度可采用自带小型摄像头的裂缝宽度检测仪进行测量，也可采用对比卡、塞尺、带刻度的放大镜等工具人工测量。

裂缝深度可采用超声法或局部破损法进行检测，必要时还可钻取芯样进行验证。

（2）仪器设备

混凝土裂缝检测仪器有裂缝宽度检测仪（图4-11）、超声波裂缝深度检测仪（图4-12）和超声波裂缝宽度、深度综合检测仪（图4-13）。

图4-11 裂缝宽度检测仪

图4-12 超声波裂缝深度检测仪

图4-13 超声波裂缝宽度、
深度综合检测仪

（3）超声法检测混凝土裂缝深度

超声法（超声脉冲法）是指采用带波形显示功能的超声波检测仪，测量超声脉冲波在混凝土中的传播速度（简称声速）、首波幅度（简称波幅）和接收信号主频率（简称主频）等声学参数，并根据这些参数及其相对变化，判定混凝土中的缺陷情况的方法。

1）检测准备

检测前，应根据设计图纸等资料，了解裂缝位置构件截面尺寸、配筋等情况，结合现场裂缝特点确定采用单面平测法、双面斜测法还是钻孔对测法。单面平测法适用于结构的裂缝部位只有一个可测表面，估计裂缝深度又不大于500mm的情况；双面斜测法适用于结构的裂缝部位具有两个相互平行的测试表面的情况；钻孔对测法适用于大体积混凝土，预计深度在500mm以上的裂缝检测。

2）检测操作（单面平测法）

单面平测时，首先在裂缝的被测部位，以不同的测距，按跨缝和不跨缝布置测点（布置测点时应避开钢筋的影响）进行检测，其检测步骤为：

①不跨缝的声时测量：将 T 和 R 换能器置于裂缝附近同一侧，以两个换能器内边缘间距（ l' ）等于100、150、200、250mm……分别读取声时值 t_i ，绘制"时-距"坐标图（图4-14）或用回归分析的方法求出声时与测距之间的回归直线方程：

$$l_i = a + bt_i \qquad 式（4-1）$$

每测点超声波时间传播距离 l_i 为：

$$l_i = l' + |a| \qquad 式（4-2）$$

式中 l_i ——第 i 点的超声波实际传播距离；

l' ——第 i 点的 R 、 T 换能器内边缘间距；

a ——"时-距"图中 l' 轴的截距或回归直线方程的常数项。

不跨缝平测的混凝土声速值为：

$$v = (l'_n - l'_1)/(t_n - t_1) 或 \qquad 式（4-3）$$

$$v = b \qquad 式（4-4）$$

式中 l'_n 、 l'_1 ——第 n 点和第1点的测距；

t_n 、 t_1 ——第 n 点和第1点读取的声时值；

b ——回归系数（km/s）。

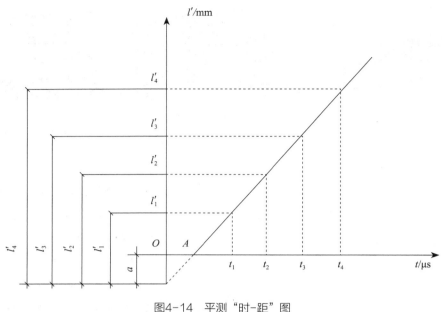

图4-14　平测"时–距"图

②跨缝的声时测量：如图4-15所示，将R、T换能器分别置于以裂缝为对称的两侧，l'取100、150、200mm……分别读取声时值t_i，同时观察首次波相位的变化。

评测法检测，裂缝深度应按下式计算：

$$h_{ci} = l_i/2\sqrt{(t_i v/l_i)^2 - 1}$$　　　　式（4-5）

$$m_{hc} = \frac{1}{n}\sum_{i=1}^{n} h_{ci}$$　　　　式（4-6）

式中　　l_i——不跨缝平测时第i点的超声波实际传播距离（mm）；

　　　　h_{ci}——第i点计算的裂缝深度值（mm）；

　　　　t_i——第i点跨缝平测的声时值（μs）；

　　　　m_{hc}——各测点计算裂缝深度的平均值（mm）；

　　　　n——测点数。

裂缝深度的确定，跨缝测量中，当在某测距发现首波反相时，可用该测距及两个相邻测距的测量值按式（4-5）计算h_{ci}值，取此三点h_{ci}的平均值作为该裂缝的深度值（h_c）；跨缝测量中如难于发现首波反相，则以不同测距按式（4-5）、式（4-6）计算h_{ci}及其平均值（m_{hc}）。将各测距l'_i与m_{hc}相比较，凡测距l'_i小于m_{hc}或大于$3m_{hc}$，应剔除该组数据，然后取余下h_{ci}的平均值，作为该裂

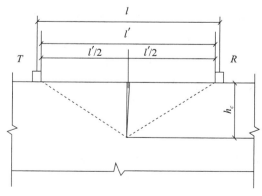

图4-15　绕过裂缝示意图

缝的深度值（h_c）。

5．混凝土构件钢筋配置检验

混凝土构件钢筋配置检验包括钢筋间距和混凝土保护层厚度检测、钢筋直径检测和钢筋锈蚀性状检测。

（1）检测方法

钢筋间距和混凝土保护层厚度的检测可采用电磁感应法钢筋探测仪检测的方法，也可以采用雷达法进行检测；钢筋直径的检测可采用以数字显示示值的钢筋探测仪检测的方法；钢筋锈蚀性状的检测可采用半电池电位法进行检测。各种方法及适用范围见表4-2。

混凝土中钢筋检测方法及适用范围　　　　　　　　　　表4-2

检测方法	方法简介及适用范围
电磁感应法	电磁感应法是用电磁感应原理检测混凝土结构及构件中钢筋间距、混凝土保护层厚度及公称直径的方法
雷达法	雷达法是通过发射和接收到的毫微秒级电磁波来检测混凝土结构及构件中钢筋间距、混凝土保护层厚度的方法。适用于结构及构件中钢筋间距的大面积扫描检测，当检测精度满足要求时，也可以用于钢筋的保护层厚度检测
半电池电位法	半电池电位法是通过检测钢筋表面层上某一点的电位，并与铜-硫酸铜参考电极的电位作比较，以此来确定钢筋锈蚀性状的方法

（2）仪器设备

混凝土构件钢筋配置检测仪器有电磁感应钢筋探测仪（图4-16）、雷达仪（图4-17）、钢筋锈蚀仪（图4-18）。

  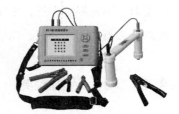

图4-16　电磁感应钢筋探测仪　　　图4-17　雷达仪　　　图4-18　钢筋锈蚀仪

（3）电磁感应法检测混凝土中钢筋间距和混凝土保护层厚度

1）检测准备

混凝土中钢筋间距和混凝土保护层厚度检测前，应对钢筋探测仪进行预热和调零，调零时探头应远离金属物体。结合设计资料了解构件钢筋布置状况，确定钢筋连接接头位置和连接形式，检测区应避开钢筋接头和绑丝以及预埋件。

2）检测操作

在检测混凝土中钢筋间距时，钢筋探测仪探头在构件检测面上缓慢移动，直到钢筋探测仪保护层厚度示值最小（或探测仪信号灯亮起，有提示声响），此时探头中心线与钢筋轴线应重合，确定钢筋位置，在相应位置做好标记。钢筋探测仪探头继续在检测面上同一方向移动直到检测到下一根钢筋，再作标记，将相邻的其他钢筋位置逐一标出，相应标记间的距离即为被测钢筋的检测间距。

在检测混凝土保护层厚度时，首先应设定钢筋探测仪量程范围及钢筋公称直径，沿被测钢筋轴线选择相邻钢筋影响较小的位置，并应避开钢筋接头和绑丝，读取第一次检测的混凝土保护层厚度检测值，在被测钢筋的同一位置应重复检测一次，读取第二次检测的混凝土保护层厚度检测值。当同一处读取的2个混凝土保护层厚度检测值相差大于1mm时，该组检测数据应无效，并查明原因，在该处应重新进行检测。仍不满足要求时，应更换钢筋探测仪或采用钻孔、剔凿的方法验证。

（4）电磁感应法检测混凝土中钢筋直径

混凝土中钢筋的直径一般采用以数字显示示值的钢筋探测仪检测。

检测前，应根据设计图纸等资料，确定被测结构及构件中钢筋的排列方向，并采用钢筋探测仪对被测结构及构件中钢筋及其相邻钢筋进行准确定位并作标记。

检测时，在定位的标记上根据具体钢筋探测仪的使用说明书进行操作，并记录钢筋探测仪显示的钢筋公称直径。每根钢筋重复检测2次，第2次检测时探头应旋转180°，每次读数必须一致。

为保证检测结果的准确性，减小钢筋探测仪检测结果与实际钢筋间距的偏差，在钢筋探测仪检测的基础上还要结合钻孔、剔凿的方法进行验证检测。钢筋钻孔、剔凿的数量不应少于该规格已测钢筋的30%且不应少于3处（当实际检测数量不到3处时应全部选取）。钻孔、剔凿时，不得损坏钢筋，采用游标卡尺实测钢筋直径，精度控制在0.1mm以内，当实测值与探测值之差大于1mm时，以实测值为准。

4.2　砌体结构检验

4.2.1　砌体结构检验项目及要求

1. 检验项目

砌体结构的检验可分为砌筑块材、砌筑砂浆、砌体强度、砌筑质量与构造以及变形与损伤等项目（表4-3）。

砌体结构检测项目　　　　　　　　　　　　　　　　　　　　表4-3

序号	检验项目	检验分项	检验方法
1	砌筑块材	1）砌筑块材的强度及强度等级； 2）尺寸偏差； 3）外观质量； 4）抗冻性能； 5）块材品种	1）取样法、回弹法、取样结合回弹法、钻芯法； 2）取样法检测、现场检测法； 3）按产品标准规定； 4）按产品标准规定； 5）按产品标准规定
2	砌筑砂浆	1）砂浆强度及强度等级； 2）品种； 3）抗冻性； 4）有害元素含量	1）取样：推出法、筒压法、砂浆片剪切法、点荷法，砂浆强度的均匀性采用回弹法、射钉法、贯入法、超声法、超声回弹综合法检测； 2）按产品标准规定； 3）取样检测法； 4）氯离子含量测定
3	砌体强度	1）砌体抗压强度； 2）砌体抗剪强度	1）扁式液压顶法、原位轴压法； 2）双剪法、原位单剪法
4	砌筑质量与构造	1）砌筑方法（上、下错缝，内外搭砌）； 2）灰缝质量（灰缝厚度、饱满度和平直程度）； 3）砌体偏差（砌筑偏差、放线偏差）； 4）留槎及洞口； 5）砌筑构件的高厚比、壁柱； 6）梁垫、大型构件端部锚固措施； 7）预制构件的搁置长度； 8）圈梁、构造柱或芯柱的设置； 9）砌体中的钢筋网片和拉结筋	1）剔凿表面抹灰的方法； 2）剔凿表面抹灰的方法； 3）经纬仪及尺量、吊线； 4）剔凿表面抹灰的方法； 5）尺量； 6）剔凿表面抹灰的方法； 7）剔凿楼面面层及垫层的方法； 8）测定钢筋状况； 9）按本章4.1节中提出的方法
5	变形与损伤	1）裂缝（位置、长度、宽度、数量）； 2）倾斜； 3）基础不均匀沉降； 4）环境侵蚀损伤； 5）灾害损伤； 6）人为损伤	1）测定裂缝位置、长度、宽度、数量； 2）经纬仪、激光定位仪、三轴定位仪、吊锤； 3）水准仪、沉降观测； 4）确定侵蚀源、侵蚀程度、侵蚀速度，冻融损伤应测定冻融损伤深度、面积； 5）确定灾害影响区域和受灾害影响的构件，确定影响程度； 6）确定损伤程度

2．检验要求

（1）砌筑块材

1）砌筑块材的强度，可采用取样法、回弹法、取样结合回弹的方法或钻芯的方法检测，其中石材的强度一般可采用钻芯法或切割成立方体试块的方法检测。检测时，应将块材品种相同、强度等级相同、质量相近、环境相似的砌筑构件划为一个检测批，每个检测批砌体的体积不宜超过250m³。

2）砖和砌块尺寸及外观质量检验可采用取样检测或现场检测的方法，砖和砌块尺寸的检测，每个检测批可随机抽检20块块材，现场检测可仅抽检外露面。砖和砌块外观质量的检查可分为缺棱掉角、裂纹、弯曲等，现场检查可检查砖或块材的外露面。

（2）砌筑砂浆

1）砌筑砂浆的强度，宜采用取样的方法检测，如推出法、筒压法、砂浆片剪切法、点荷法等。砌筑砂浆强度的匀质性，可采用非破损的方法检测，如回弹法、射钉法、贯入法、超声法、超声回弹综合法等。当这些方法用于检测既有建筑砌筑砂浆强度时，宜配合有取样的检测方法。

2）既有结构砌筑砂浆的抗冻性能应采用取样检测方法，将砂浆试件分为两组，一组做抗冻试件，一组做比对试件，两组试件同时测定，取两组砂浆试件强度值的比值评定砂浆的抗冻性能。

（3）砌体强度

1）砌体的强度，可采用取样的方法或现场原位的方法检测。采用取样方法时，取样操作宜采用无振动的切割方法，不得引起结构或构件的安全问题。

2）烧结普通砖砌体的抗压强度，可采用扁式液压顶法或原位轴压法检测；其抗剪强度，可采用原位双剪法或单剪法检测，检测操作按《砌体工程现场检测技术标准》GB/T 50315—2011的规定进行。

3）遭受环境侵蚀和火灾等灾害影响砌体的强度，可根据具体情况分别按以上两条规定的方法进行检测，在检测报告中应明确说明试件状态与相应检测标准要求的不符合程度和检测结果的适用范围。

（4）砌筑质量与构造

1）既有砌筑构件砌筑方法、留槎、砌筑偏差和灰缝质量等，可采取剔凿表面抹灰的方法检验。当构件砌筑质量存在问题时，可降低该构件的砌体强度。砌筑方法的检测，应检测上、下错缝，内外搭砌等是否符合要求；砌体偏差主要检测砌筑偏差和放线偏差是否符合要求；灰缝质量主要检测灰缝的饱满程度和平直程度是否符合要求；其中灰缝厚度的代表值应按10皮砖砌体高度折算。

2）跨度较大的屋架和梁支承面下的垫块和锚固措施、预制钢筋混凝土板的支承长度、砌体墙梁的构造、跨度较大门窗洞口的混凝土过梁的设置状况等可采取剔除表面抹灰或面层垫层和用尺量测的方法检测。圈梁、构造柱或芯柱的设置，可通过测定钢筋状况判定。砌筑构件的高厚比，其厚度值应取构件厚度的实测值。砌体中拉结筋的间距，应取2～3个连续间距的平均间距作为代表值。

（5）变形与损伤

1）砌体结构裂缝检测时，对于结构或构件上的裂缝，应测定裂缝的位置、裂缝长度、裂缝宽度和裂缝的数量，必要时应剔除构件抹灰确定砌筑方法、留槎、洞口、线管及预制构件对裂缝的影响；对于仍在发展的裂缝应进行定期的观测，提供裂缝发展速度的数据。

2）检测砌筑构件或砌体结构的倾斜时，宜区分倾斜中砌筑偏差造成的倾斜、变形造成的倾斜、灾害造成的倾斜等。

3）对砌体结构受到的损伤进行检测时，应确定损伤对砌体结构安全性的影响。对环境侵蚀，应确定侵蚀源、侵蚀程度和侵蚀速度；对冻融损伤，应测定冻融损伤深度、面积，检测部位宜为檐口、房屋的勒脚、散水附近和出现渗漏的部位；对火灾等造成的损伤，应确定灾害影响区域和受灾害影响的构件，确定影响程度；对于人为的损伤，应确定损伤程度。

4.2.2　检验方法

1. 回弹法检测烧结普通砖抗压强度

（1）烧结砖回弹法

烧结砖回弹法是应用回弹仪测试砖表面硬度，并将回弹值换算成砖抗压强的一种检测方法，适用于推定烧结普通砖砌体或烧结多孔砖砌体中砖的抗压强度，不适用于推定表面已风化或遭受冻害、环境侵蚀的烧结普通砖砌体或烧结多孔砖砌体中砖的抗压强度。

（2）仪器设备

烧结砖回弹法中采用的仪器有HT75型砖回弹仪（图4-19、图4-20）。

图4-19　HT75型砖回弹仪

图4-20　现场砖回弹检测

（3）检测准备

检测前，对砖回弹仪在钢砧上进行率定测试。

（4）检测操作

检测时，将检测单元分为若干测区（一般不少于10个，每个测区的面积不宜小于1.0m²），从若干测区中随机选择10个测区，再从每个测区随机选择10块条面向外的砖作为10个测位供回弹测试，选择的砖与砖墙边缘的距离应大于250mm。

被选择作为回弹测试的测位，即砖条面应干燥、清洁、平整，每个测位砖条面上均匀布置5个弹击点，弹击点应避开气孔等，且弹击点之间的间距不应小于20mm，弹击点离砖边缘不应小于20mm，每个测点只能弹击一次，弹击时回弹仪应处于水平状态，其轴线应垂直于砖的侧面。

（5）数据处理

每块砖的回弹值取5个回弹点回弹值的平均值，按下式进行强度换算。

烧结普通砖：

$$f_{1ij} = 2 \times 10^{-2} R^2 - 0.45R + 1.25 \qquad \text{式（4-7）}$$

烧结多孔砖：

$$f_{1ij} = 1.7 \times 10^{-3} R^{2.48} \qquad \text{式（4-8）}$$

式中　　f_{1ij}——第i测区第j个测位的抗压强度换算值（MPa）；

　　　　R——第i测区第j个测位的平均回弹值。

测区的砖抗压强度平均值按下式计算：

$$f_{1i} = \frac{1}{10} \sum_{j=1}^{n_1} f_{1ij} \qquad \text{式（4-9）}$$

最后按《砌体工程现场检测技术标准》GB/T 50315—2011第15章的规定进行砖的抗压强度推定值计算。

2．推出法检测砂浆抗压强度

（1）推出法

推出法是采用推出仪从墙体上水平推出单块丁砖，测得水平推力及推出砖下的砂浆饱满度，以此两项指标关系推定砌筑砂浆抗压强度的方法。适用于推定240mm厚烧结普通砖、烧结多孔砖、蒸压灰砂砖或蒸压粉煤灰砖墙体中的砌筑砂浆强度，所测砂浆的强度宜为1～15MPa。

（2）仪器设备

推出法中采用的仪器设备有推出仪（图4-21），推出仪由钢制部件、传感器、推出力峰值测定仪等（图4-22）。

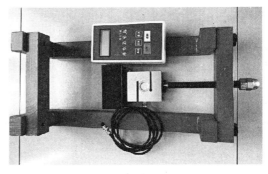

图4-21　推出仪

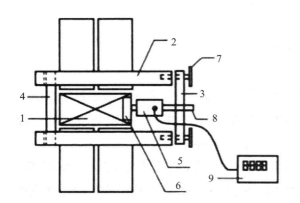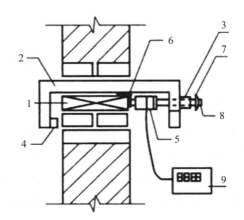

图4-22　推出仪及测试安装示意图

1—被推丁砖；2—支架；3—前梁；4—后梁；5—传感器；
6—垫片；7—调平螺钉；8—加荷螺杆；9—推出力峰值测定仪

（3）选择测点

测点布置应避开施工预留洞口，在墙上均匀布置，选择其下水平灰缝厚度为8～10mm的丁砖为被推丁砖，采用砂轮磨平被推丁砖承压面并清理干净。测试前，被推丁砖应编号，并应详细记录墙体的外观情况。

（4）检测操作

检测时，在选定的墙体检测区丁砖上方开洞，将推出仪安放在墙体孔洞内对丁砖施加水平推力，将丁砖推出。墙体开洞操作应按以下步骤进行：

1）使用冲击钻在被推丁砖与其上方顺砖间灰缝（顺砖左下方，图4-23中的A点）中打出约40mm宽穿透孔洞；

2）将锯条塞入孔洞内自A至B点锯开灰缝；

3）将扁铲打入上一层灰缝，取出两块顺砖；

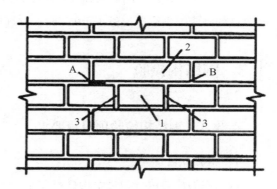

图4-23　推出仪安装示意图

1—被推丁砖；2—被去除的两块顺砖；3—掏空的竖缝

4）使用锯条锯切被推丁砖两侧到下皮砖顶面的竖向灰缝，并清理干净灰缝残留；

在整个开洞及清缝过程中，不得扰动被推丁砖。在孔洞内安装推出仪，使传感器的作用点位于被推丁砖水平方向中间，铅锤方向距被推丁砖下表面之上普通砖15mm，多孔砖40mm的位置，旋转加载螺杆对丁砖施加荷载直至丁砖和砌体之间发生相对位移而破坏，记录此时的推出力N_{ij}，并取下被推丁砖，用百格网测试砂浆饱满度B_{ij}。

（5）数据处理

单个测区的推出力平均值，按下式计算：

$$N_i = \xi_{2i}\frac{1}{n_1}\sum_{j=1}^{n_1}N_{ij}$$　　　　　式（4-10）

式中　　N_i——第i个测区的推出力平均值（kN），精确至0.01kN；

N_{ij}——第i个测区第j块测试砖的推出力峰值（kN）；

ξ_{2i}——砖品种的修正系数，对烧结普通砖和烧结多孔砖，取1.00；对蒸压灰砂砖或蒸压粉煤灰砖，取1.14。

测区的砂浆饱满度平均值，按下式计算：

$$B_i = \frac{1}{n_1}\sum_{j=1}^{n_1}B_{ij}$$　　　　　式（4-11）

式中　　B_i——第i个测区的砂浆饱满度平均值，以小数计；

B_{ij}——第i个测区第j块测试砖下的砂浆饱满度实测值，以小数计。

当测区的砂浆饱满度平均值不小于0.65时，测区的砂浆强度平均值，应按下列公式计算：

$$f_{2i} = 0.30\left(\frac{n_i}{\xi_{3i}}\right)^{1.19}$$

$$\xi_{3i} = 0.45B_i^2 + 0.90B_i$$

式（4-12）

式中　　f_{2i}——第i个测区的砂浆强度平均值（MPa）；

　　　　ξ_{3i}——推出法的砂浆强度饱满度修正系数，以小数计。

当测区的砂浆饱满度平均值小于0.65时，宜选用其他方法推定砂浆强度。

4.3　钢结构检验

4.3.1　钢结构检验项目及要求

1. 检验项目

钢结构的检验可分为钢结构材料性能、连接、构件的尺寸与偏差、变形与损伤、构造、涂装以及结构性能实荷检验与动测等项目（表4-4）。

钢结构检验项目　　　　　　　　　　　　　　　　　　表4-4

序号	检验项目	检验分项	检验方法
1	材料性能	1）屈服点、抗拉强度、伸长率； 2）冷弯性能； 3）冲击功； 4）化学成分分析； 5）既有钢结构钢材的抗拉强度； 6）锈蚀钢材或受到火灾影响钢材的力学性能	1）金属拉伸试验； 2）金属弯曲试验； 3）金属夏比缺口冲击试验； 4）钢铁及合金化学分析方法； 5）表面硬度法； 6）取样法
2	连接	1）焊接连接（焊缝质量、外形尺寸、外观缺陷、焊接接头力学性能）； 2）焊钉（栓钉）连接； 3）螺栓连接； 4）高强螺栓连接（材料性能、扭矩系数、连接质量，扭剪型高强度螺栓连接副预拉力及连接质量）	1）超声波探伤或射线探伤法、观察检查、焊缝量规测量、焊接接头力学性能试验； 2）焊钉焊接后的弯曲检测； 3）力学性能试验； 4）按《钢结构用高强度大六角头螺栓、大六角螺母、垫圈技术条件》GB/T 1231—2006、《钢结构工程施工质量验收规范》GB 50205—2001、《钢结构高强度螺栓连接技术规程》JGJ 82—2011和《钢结构用扭剪型高强度螺栓连接副》GB/T 3632—2008中的检验方法
3	尺寸偏差	1）钢构件尺寸偏差； 2）钢构件安装偏差	1）按产品标准确定，其中钢材的厚度可用超声测厚仪测定； 2）尺量

序号	检验项目	检验分项	检验方法
4	缺陷、损伤与变形	1）缺陷（均匀性、是否有夹层、裂纹、非金属夹杂和明显的偏析）； 2）损伤（裂纹、局部变形、锈蚀）	1）观察法、渗透法； 2）裂纹采用观察法和渗透法检测，局部变形采用观察法和尺量的方法检测，螺栓、铆钉的松动或断裂采用观察或锤击的方法检测，构件挠度采用激光测距仪、水准仪或拉线等方法检测，构件或结构倾斜采用经纬仪、激光定位仪、三轴定位仪或吊锤的方法检测，基础沉降采用水准仪检测，构件锈蚀确定锈蚀等级
5	构造	1）杆件长细比； 2）支撑体系的连接； 3）构件截面的宽厚比	1）尺量； 2）观察、尺量等连接检测项目中的方法； 3）尺量
6	涂装	1）涂料质量； 2）钢材表面除锈等级； 3）涂层厚度； 4）外观质量	1）按相关产品标准； 2）按《钢结构防火涂料应用技术规范》CECS 24—1990量测； 3）涂膜厚度可用漆膜测厚仪检测，薄型防火涂料涂层厚度可采用涂层厚度测定仪检测，厚型防火涂料涂层厚度应采用测针和钢尺检测； 4）按《钢结构工程施工质量验收标准》GB 50205—2020的规定检测
7	结构性能实荷检验与动测	1）大型复杂钢结构性能； 2）结构或构件承载力； 3）结构动力测试； 4）杆件应力	1）原位实荷检验； 2）模型荷载试验； 3）实际结构动力测试； 4）电阻应变仪检测

2. 检验要求

（1）材料性能

1）钢结构材料力学性能检测中，当工程尚有与结构同批的钢材时，可以将其加工成试件，进行钢材力学性能检验；当工程没有与结构同批的钢材时，可在构件上截取试样，但应确保结构构件的安全。当被检验钢材的屈服点或抗拉强度不满足要求时，应补充取样进行拉伸试验。补充试验应将同类构件同一规格的钢材划为一批，每批抽样3个。既有钢结构钢材的抗拉强度，可采用表面硬度的方法检测，检测时，将构件测试部位用钢锉打磨，除去表面锈斑、油漆，然后分别用粗、细砂纸打磨构件表面直至露出金属光泽，按所用仪器的操作要求进行表面硬度测定。

2）钢材化学成分的分析，可根据需要进行全成分分析或主要成分分析。钢材化学成分的分析每批钢材可取一个试样，取样和试验应分别按《钢的成品化学成分允许偏差》GB/T 222—2006执行，并应按相应产品标准进行评定。

3）锈蚀钢材或受到火灾等影响钢材的力学性能，可采用取样的方法检测；对试样的测试操作和评定，可按相应钢材产品标准的规定进行，在检测报告中应明确说明检测结果的适用范围。

（2）连接

1）对钢结构工程的所有焊缝都应进行外观检查；对既有钢结构检验时，可采取抽样检验焊缝外观质量的方法，也可采取按委托方指定范围抽查的方法。

2）对设计上要求全焊透的一、二级焊缝和设计上没有要求的钢材等强对焊拼接焊缝的质量，可采用超声波探伤的方法检测。

3）焊接接头的力学性能，可采取截取试样的方法检验，但应采取措施确保安全。焊接接头力学性能的检验分为拉伸、面弯和背弯等项目，每个检验项目可各取两个试样。

4）当对钢结构工程质量进行检验时，可抽样进行焊钉焊接后的弯曲检测，检测方法与评定标准，锤击焊钉头使其弯曲至30°，焊缝和热影响区没有肉眼可见的裂纹可判为合格。

5）对高强度螺栓连接质量的检验，可检查外露丝扣，丝扣外露应为2～3扣。允许有10%的螺栓丝扣外露1扣或4扣。

（3）尺寸与偏差

1）钢构件尺寸检验时，抽样检验构件的数量，不宜少于《建筑结构检测技术标准》GB/T 50344—2019表3.3.10规定的既有结构检测类别的最小样本容量；构件的尺寸宜选择对构件性能影响较大的3个部位量测；当设计要求的尺寸相同时，应取3个量测部位的平均值作为代表值。

2）钢构件的尺寸偏差，应以设计图纸规定的尺寸为基准计算尺寸偏差，安装偏差的检验项目和检验方法，应按《钢结构工程施工质量验收标准》GB 50205—2020确定。

（4）缺陷、损伤与变形

1）在钢材外观质量检验中，当对钢材的质量存疑时，应对钢材原材料进行力学性能检验或化学成分分析。

2）钢材裂纹，可采用观察的方法和渗透法检测。采用渗透法检测时，应用砂轮和砂纸将检测部位的表面及其周围20mm范围内打磨光滑，不得有氧化皮、焊渣、飞溅、污垢等；用清洗剂将打磨表面清洗干净，干燥后喷涂渗透剂，渗透时间不应少于10min；然后再用清洗剂将表面多余的渗透剂清除；最后喷涂显示剂，停留10～30min后，观察是否有裂纹显示。

3）杆件的弯曲变形和板件凹凸等变形情况，可用观察和尺量的方法检测，量测出变形的程度进行评定。

（5）构造

钢结构杆件长细比、钢结构支撑体系的连接和钢结构构件截面的宽厚比等构造要求，应以实际尺寸等核算进行评定。

（6）涂装

在涂料涂层厚度检测中，漆膜厚度可用漆层测厚仪检测，检测仪器和检测的操作应符合现行国家标准《钢结构现场检测技术标准》GB/T 50621—2010的有关规定。

抽检构件的数量按《建筑结构检测技术标准》GB/T 50344—2019第三章规定确定；每个

构件宜布置5个测区，每个测区布置3个测点，相邻两测点的距离宜大于50mm。

（7）结构性能实荷检验与动测

1）对于大型复杂钢结构体系可进行原位非破坏性实荷检验，直接检验结构性能。

2）对结构或构件的承载力有疑义时，可进行原型或足尺模型荷载试验。试验应委托具有足够设备能力的专门机构进行。

3）对于大型重要和新型钢结构体系，宜进行实际结构动力测试，确定结构自振周期等动力参数。

4）钢结构杆件的应力，可根据实际条件选用电阻应变仪或其他有效的方法进行检测。

4.3.2　检验方法

钢结构检验中，常用超声波探伤法检测焊缝的内部质量缺陷，以下介绍此方法：

1．超声波探伤法

超声波探伤是利用超声能透入金属材料的深处，并由一界面进入另一界面时，在界面边缘发生反射的特点来检查零件缺陷的一种方法，当超声波束自零件表面由探头通至金属内部，遇到缺陷与零件底面时就分别发生反射波，在荧光屏上形成脉冲波形，根据这些脉冲波形来判断缺陷位置和大小。适用于母材厚度不小于8mm，温度范围在0～60℃之间的普通焊接接头的内部缺陷检测。

2．仪器设备

超声波探伤法中采用的主要仪器为超声波探伤仪，包括超声仪和探头两部分（图4-24、图4-25）。

3．检测准备

检测前，首先结合设计图纸等资料了解工程对焊接质量的技术要求，对受检构件的材质、结构、曲率、厚度、焊接方法、焊缝种类和等级、坡口形式、焊脚高度等情况进行基本的了解，设定探伤仪的时基线和灵敏度。

再根据焊缝质量等级和验收要求选用检测等级。按照质量要求由高到低的顺序，焊缝质量等级分为B、C、D三个等级；依据焊缝质量要求规定了四个检测等级（A、B、C和D级），从检测等级A到检测等级C，增加检测覆盖范围（如增加扫查次数和探头移动区等），提高

图4-24　超声波探伤仪

图4-25　现场超声波探伤检测

缺欠检出率；检测等级D级适用于特殊应用。焊缝质量等级、检测等级与验收等级的关系见表4-5。

焊缝质量等级、检测等级与验收等级关系 表4-5

焊缝质量等级	焊缝检测等级*	焊缝验收等级
B	至少B	2
C	至少A	3
D	无适用的检测等级**	无应用**

注：1. *表示当需要评定显示特征时，应按《焊缝无损检测 超声检测 焊缝中的显示特征》GB/T 29711—2013评定；
2. **表示不推荐做超声检测，但如果协议规定使用，按C级焊缝质量要求执行。

4．检测操作

检测时，将焊缝和检测区域（焊缝两侧至少10mm宽母材或热影响区宽度取较大值）探测工作面的焊接飞溅物、铁屑、油垢等物质清理干净，涂抹耦合剂，耦合剂可为水、机油、甘油或糨糊，为改善耦合剂的性能，在耦合剂中可适量掺入润湿剂或活性剂。焊缝探测时，探头在保持声束垂直焊缝作前后锯齿形移动的同时，探头还应作10°左右的转动（图4-26）。

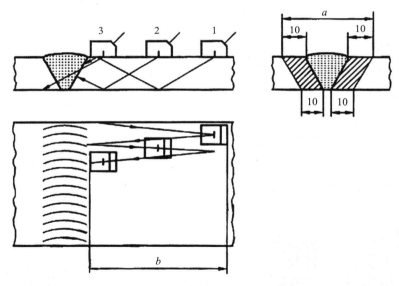

图4-26 探头扫查检测区域示意图

1—位置1；2—位置2；3—位置3
a—检测区域宽度；b—探头移动区宽度

4.4 木结构检验

1. 检验项目

木结构的检验可分为木材性能、木材缺陷、尺寸与偏差、连接与构造、变形与损伤和防护措施等项目（表4-6）。

木结构检验项目　　　　　　　　　　　　　　　　表4-6

序号	检验项目	检验分项	检验方法
1	木材性能	1）力学性能； 2）含水率、密度和干缩率	1）力学试验； 2）重量法、电测法（规格材）
2	木材缺陷	1）圆木和方木结构：木节、斜纹、扭纹、裂缝和髓心； 2）胶合木结构：木节、斜纹、扭纹、裂缝和髓心、翘曲、顺弯、扭曲和脱胶； 3）轻型木结构：木节、斜纹、扭纹、裂缝和髓心、扭曲、横弯和顺弯	1）尺量； 2）尺量、拉线、靠尺； 3）尺量、拉线、靠尺
3	尺寸与偏差	1）构件制作尺寸与偏差； 2）构件安装偏差	1）尺量； 2）尺量
4	连接与构造	1）胶合； 2）齿连接； 3）螺栓连接； 4）钉连接	1）胶缝顺纹抗剪强度试验； 2）尺量； 3）观察、尺量； 4）观察、尺量
5	变形与损伤与防护措施	1）变形：节点位移、连接松弛变形、构件挠度、侧向弯曲矢高、屋架出平面变形、屋架支撑系统的稳定状态、木楼面系统的振动； 2）损伤：木材腐朽、蛀虫、裂缝、灾害影响、金属构件的锈蚀； 3）防护措施：防虫、防腐、防火措施	1）尺量、激光测距仪、水准仪或拉线，经纬仪、激光定位仪、三轴定位仪或吊锤，水准仪检测、环境振动法； 2）锤击法、内窥镜、探针； 3）按《木结构工程施工质量验收规范》GB 50206—2012、《木结构设计标准》GB 50005—2017和《建筑设计防火规范》GB 50016—2014等标准的要求检测

2. 检验要求

（1）木材性能

1）当木材的材质或外观与同类木材有显著差异时或树种和产地判别不清时，可取样检测木材的力学性能，确定木材的强度等级。

2）木材的含水率，可采用取样的重量法测定，规格材可用电测法测定。重量法测定时，应从成批木材中或结构构件的木材的检测批中随机抽取5根，在端头200mm处截取20mm厚的片材，再加工成20mm×20mm×20mm的5个试件，按《木材含水率测定方法》GB 1931—2009的规定进行测定。以每根构件5个试件含水率的平均值作为这根木材含水率的代表值。

5根木材的含水率测定值的最大值，原木或方木结构不应大于25%，板材和规格材不应大于20%，胶合木不应大于15%。

3）木材含水率的电测法使用电测仪测定，可随机抽取5根构件，每根构件取3个截面，在每个截面的4个周边进行测定。每根构件3个截面、4个周边的所测含水率的平均值，作为这根木材含水率的测定值，5根构件的含水率代表值中的最大值应符合规格材含水率不应大于20%的要求。

（2）木材缺陷

1）承重用的木材或结构构件的缺陷应逐根进行检测。

2）木材木节的尺寸，可用精度为1mm的卷尺量测，方木、板材、规格材的木节尺寸，按垂直于构件长度方向量测，木节表现为条状时，可量测较长方向的尺寸，直径小于10mm的活节可不量测。原木的木节尺寸，按垂直于构件长度方向量测，直径小于10mm的活节可不量测。

3）斜纹的检测，在方木和板材两端各选1m材长量测三次，计算其平均倾斜高度，以最大的平均倾斜高度作为其木材的斜纹的检测值。

4）对原木扭纹的检测，在原木小头1m材上量测三次，以其平均倾斜高度作为扭纹检测值。

5）胶合木结构和轻型木结构的翘曲、扭曲、横弯和顺弯，可采用拉线与尺量的方法或用靠尺与尺量的方法检测；检测结果的评定可按《木结构工程施工质量验收规范》GB 50206—2012的相关规定进行。

6）木结构的裂缝和胶合木结构的脱胶，可用探针检测裂缝的深度，用裂缝塞尺检测裂缝的宽度，用钢尺量测裂缝的长度。

（3）尺寸与偏差

1）木结构构件尺寸与偏差的检测数量，当为木结构工程质量检测时，应按《木结构工程施工质量验收规范》GB 50206—2012的规定执行；当为既有木结构性能检测时，应根据实际情况确定。

2）木构件的尺寸应以设计图纸要求为准，偏差应为实际尺寸与设计尺寸的偏差。

（4）连接

1）当对胶合木结构的胶合能力有疑义时，应对胶合能力进行检测；胶合能力可通过试样木材胶缝顺纹抗剪强度确定。

2）当需要对胶合构件的胶合质量进行检测时，可采取取样的方法，也可采取替换构件的方法；但取样要保证结构或构件的安全，替换构件的胶合质量应具有代表性。

3）齿连接的检测时，压杆端面和齿槽承压面加工平整程度，用直尺检测；压杆轴线与齿槽承压面垂直度，用直角尺量测；齿槽深度，用尺量测，允许偏差±2mm；偏差为实测深度与设计图纸要求深度的差值；支座节点齿的受剪面长度和受剪面裂缝，对照设计图纸用尺量，长度负偏差不应超过10mm；当受剪面存在裂缝时，应对其承载力进行核算；抵承面缝隙，用尺量测或裂缝塞尺量测，抵承面局部缝隙的宽度不应大于1mm且不应有穿透构件截面宽度的缝隙；当局部缝隙不满足要求时，应核查齿槽承压面和压杆端部是否存在局部破损现象；当齿槽承压面与压杆端部完全脱开（全截面存在缝隙），应进行结构杆件受力状态的检测与分析；压杆轴线与承压构件轴线的偏差，用尺量。

4）螺栓连接或钉连接检测时，螺栓和钉的直径可用游标卡尺量测；被连接构件的厚度，用尺量测；螺栓或钉的间距，用尺量测；螺栓孔处木材的裂缝、虫蛀和腐朽情况，裂缝用塞尺、裂缝探针和尺量测；螺栓、变形、松动、锈蚀情况，观察或用卡尺量测。

（5）变形损伤与防护措施

1）木结构构件虫蛀的检测，可根据构件附近是否有木屑等进行初步判定，可通过锤击的方法确定虫蛀的范围，可用电钻打孔用内窥镜或探针测定虫蛀的深度。

2）当发现木结构构件出现虫蛀现象时，宜对构件的防虫措施进行检测。

3）木材腐朽的检测，可用尺量测腐朽的范围，腐朽深度可用除去腐朽层的方法量测。

4）当发现木材有腐朽现象时，宜对木材的含水率、结构的通风设施、排水构造和防腐措施进行核查或检测。

商品房分户验收 5

本章要点

本章主要介绍验房概念、要点、流程及验房需要的文件规范等内容，然后分别讲述毛坯房和装修房的验收规范、流程、设备仪器和操作要领，实务部分通过商品房实际项目操作训练阐述分户验收要点。

知识目标

掌握商品房验收要点；掌握毛坯房验收知识；掌握装修房验收知识；熟悉商品房验收仪器设备。

能力目标

能操作验房工具和常用设备仪器；能对照规范开展毛坯房和装修房验房；能判断房屋基本质量问题。

【引例】

"面积缩水等开发商遗留问题是物业管理纠纷的重要诱因，这个问题该怎么解决？"针对人大代表们提出的问题，北京市建委有关负责人表示，现在业主购房时，不仅关注房子结构等安全性问题，窗户、下水道、工程缩水等一系列问题都是业主关心的焦点。为此，市建委将改变长期以来实行的整体验收的验房方式，北京商品房将实行分户验收，每家各项细节都合格才能发合格证。

2005年11月，《北京晚报》报道的一则消息将住宅工程分户验收提上了议事日程，报道称：北京市将改变长期以来实行的整体验收的验房方式，京城商品房将实行分户验收。

5.1 概述

5.1.1 验房含义

通常讲的验房（Home Inspection），是房地产交易过程中对房屋当前状况进行鉴定的一种手段。其通常是一种Visual Inspection，即通过视觉上的观察和一般性的操作并借助于一些仪器设备，对房屋各主要系统及其构件（可接近可操作的部分）的当前状况进行评估，发现明显的问题及接近使用寿命的构件或设备，提出维修或改进意见，并估计其费用。

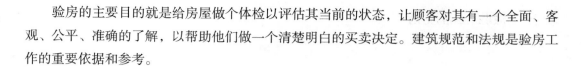

验房的主要目的就是给房屋做个体检以评估其当前的状态，让顾客对其有一个全面、客观、公平、准确的了解，以帮助他们做一个清楚明白的买卖决定。建筑规范和法规是验房工作的重要依据和参考。

5.1.2　验房要点

（1）查看两书一表一数：房屋质量保证书、房屋使用说明书、竣工验收备案表和面积实测数据（对照购房合同上的面积，自己可实测套内面积）。

（2）根据《住宅工程质量分户验收管理规定》要求开发商在向购房者交房时，必须提供《住宅工程质量分户验收表》，该表必须详细记录该套住宅中房屋外观及尺寸偏差、防水、水电安装等8项内容的验收过程、曾经存在的问题以及整改情况。

住宅工程质量分户验收的主要内容包括：依据设计图纸的要求，在确保工程地基基础和主体结构安全可靠的基础上，检查住宅观感质量和使用功能质量。

分户验收合格后，开发商必须按户出具由建设、施工、监理单位负责人签字（签章）确认的《住宅工程质量分户验收表》，并加盖建设、施工、监理单位工程质量验收专用章。住宅工程质量分户验收如果不合格，建设单位就不能组织整个工程竣工验收。

（3）验房：若合格，填写记录单并签字移交。若有问题，联系施工或装修单位整改，同时取证，为日后必要时举证（即通过录音机、摄像机或照相机调好日期记录证据）奠定基础，特别保存好自己留存、交房代表签字的验房问题备案单。

核查房屋总面积：超出或减少3%以内的，费用多退少补；超过3%以外的，按规范执行。如按浙江省房地产交易条例，一般情况，误差在±3%以内的多退少补，面积误差超过+3%的不补，超过-3%的双倍退还。

（4）房屋完好。交接钥匙后签业主公约、前期物业管理合同时，看好条款，不能放弃自己的权利。

（5）缴纳费用：根据相关批文缴纳物业管理费、垃圾清理费等。

5.1.3　验房需要准备的文件

（1）身份证原件及复印件；

（2）购房合同；

（3）已付房款及税费收据或发票；

（4）改动装修费用收据；

（5）月供存折，并请打印至最近的供款期（如必要）；

（6）人民币或磁卡若干，交必要的费用，切记要正式发票及物价局批号；

（7）彩色照片（2张）；

（8）收楼通知书（上面开发商注明了要业主带齐的资料）。

5.2 验收仪器设备

5.2.1 验房常用工具

（1）量具：5m盒尺、25～33cm直角尺、50～60cm丁字尺、1m直尺。

（2）电钳工具：带两头和三头插头的插排（即带指示灯的插座）；各种插头：电话、电视、宽带；万用表；摇表；多用螺丝刀（"一"字和"＋"字）；5号电池2节、测电笔；手锤；小锤；大灯、小灯。

（3）辅助工具：镜子、手电、塑料袋多个、纸、火柴、卫生纸、凳子、纸笔等。

5.2.2 验房专用工具

验房专用工具主要有：卷尺、垂直检测尺、多功能内外直角检测尺、多功能垂直校正器；游标塞尺、对角检测尺、反光镜、伸缩杆等（图5-1）。

5.2.3 验房时需要的其他工具

（1）1只塑料洗脸盆，用于验收下水管道；

（2）1只小榔头，用于验收房子墙体与地面是否空鼓；

（3）1只塞尺，用于测裂缝的宽度；

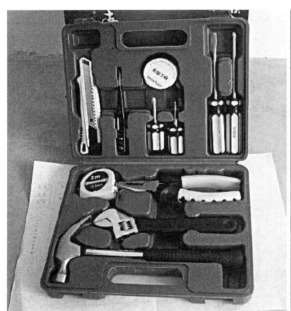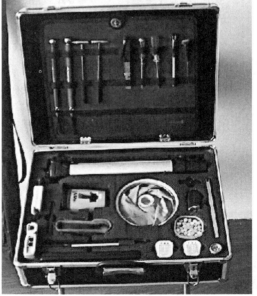

（a）

图5-1 常见验房工具

（a）验房专用工具箱

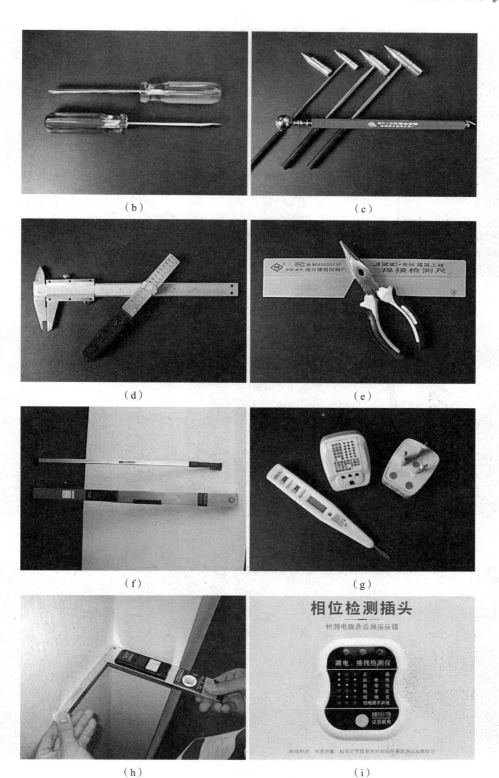

图5-1 常见验房工具（续）

（b）"+" / "−" 字式螺丝刀；（c）伸缩式/固定响鼓锤；（d）游标卡尺/游标塞尺；（e）焊缝检测尺/尖嘴钳；
（f）工程检测尺/对角检测尺；（g）感应验电笔/验电插头；（h）内、外直角检测尺；（i）相位检测仪

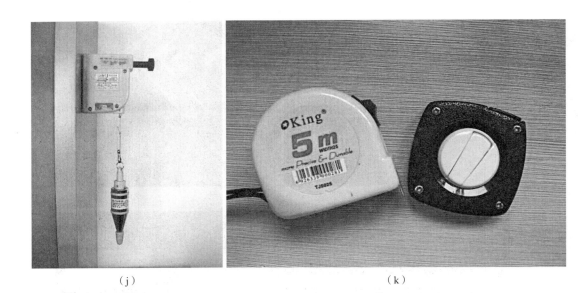

（j）　　　　　　　　　　　　　　　　　（k）

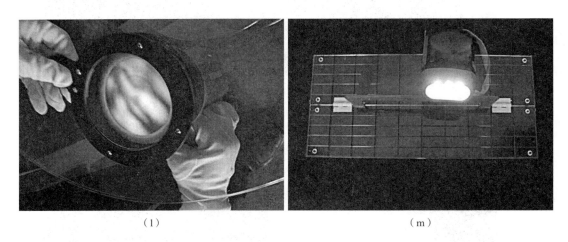

（l）　　　　　　　　　　　　　　　　　（m）

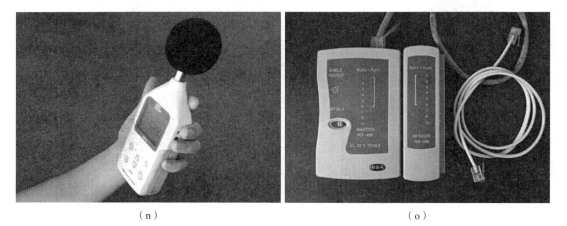

（n）　　　　　　　　　　　　　　　　　（o）

图5-1　常见验房工具（续）

（j）多功能磁力线坠；（k）15m卷线器/5m卷尺；（l）钢化玻璃检测仪；
（m）手电筒/百格网；（n）噪声检测仪；（o）网络监测仪

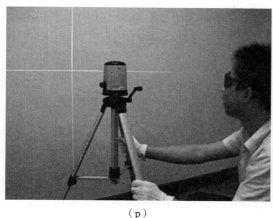

（p）

（q）

图5-1　常见验房工具（续）

（p）激光垂直、水平放线仪；（q）数码测距仪

（4）1只5m卷尺，用于测量房子的净高；

（5）1只万用表，用于测试各个强电插座及弱电类是否畅通；

（6）1只计算器，用于计算数据；

（7）1只水笔，用于签字；

（8）1把扫帚，用于打扫室内卫生；

（9）1只小凳子和一些报纸、塑料带，包装绳，用于时间长，临时休息及预先封闭下水管道。

5.3　验房基本程序和步骤

5.3.1　验房主要流程

（1）查看两书一表：质保书、使用说明书、竣工验收备案表；面积实测数据对照购房合同上的面积。

（2）验房：物业和业主共同验房，填写验房交付记录单，若合格，双方共同签字。如发现质量问题需要维修，则填写验房问题清单，同时取证，保存验房问题备案单。

（3）房屋完好。签业主公约、前期物业管理合同。

（4）交合理费用：包括物业管理费、装修押金、垃圾清运费。

5.3.2　验房步骤

1．查验文件

业主验房交付时，首先要审核开发商是否具备交付的全部法律文件，必要时可以要求核对相应原件。只有证件（原件）齐全，才能签署收楼单。若开发商手续不完整，即便该房屋不存在质量问题可以实际居住，也不能视为法律意义上的交付。业主也有权拒绝在相应手续上签字并要求开发商承担逾期交房的违约责任。需要查验的文件资料主要有：

（1）规划部门出具的《××市建筑工程规划验收合格证》。

（2）建设主管部门出具的《××市建设工程竣工验收备案证明书》。表上每一项都必须报主管部门备案，缺少任何一项，楼盘都不能入住。

（3）区级以上质检站核发的《房屋质量合格证明》。

（4）开发商提供的房屋的《住宅质量保证书》，业主需留。

（5）开发商提供的《住宅使用说明书》，开发商据此承担保修责任，业主需妥善保存。

（6）房产管理局或区局直属测绘队出具的《竣工实测表》。标明实际建筑面积是多少，分摊多少，什么地方是公用面积。或者由部门（如××市自然资源局地籍测绘大队）出具的正式测绘报告：《××市房屋建筑面积测绘报告》。上述内容必须具备，否则无法计算实际的公摊面积，也就无法结算最终房款，无法开具正式发票。

（7）卫生防疫部门核发的生活供水系统《用水合格证》。

（8）公安消防部门出具的《建筑工程消防验收意见书》。

除此之外，还有民防部门出具的《××市民防工程竣工验收证书》、质量技术监督部门出具的《××市电梯（扶梯）验收结果通知单》（电梯住宅）、环保部门出具的《××市建设工程环保验收合格证》、燃气主管部门出具的《××市燃气工程验收证书》等。

另外，住宅内部管线分布竣工图（水、强电、弱电、结构）、房屋的设计图纸和水电线路图、配电箱及配线箱的使用说明等。

2．核实面积，计算和落实房款的多退少补问题

面积结算是验房手续当中比较重要的一项。确认买卖合同中的附图与现实是否一致，结构是否和原设计图相同。合同面积是期房的销售面积，项目完工后，测绘单位对已完工的住宅楼需进行实测。测绘部门出示的面积实测表将作为开发商和消费者进行面积结算的依据。

3．房屋验收

物业、工程部人员和业主一起去验收房屋。如果房子和合同约定的一样，且没有质量问题，业主在验房记录单上签字。如果在验收的时候发现问题，应与施工单位联系及时维修，维修后再重新验收房屋。

5.4　毛坯房分户验收

5.4.1　毛坯房验收依据

毛坯房验收主要依据标准规范有：

（1）《住宅建筑规范》GB 50368—2005；

（2）《住宅设计规范》GB 50096—2011；

（3）《建筑工程施工质量验收统一标准》GB 50300—2013；

（4）《混凝土结构工程施工质量验收规范》GB 50204—2015；

（5）《建筑装饰装修工程质量验收标准》GB 50210—2018；

（6）《建筑地面工程施工质量验收规范》GB 50209—2010；

（7）《建筑给水排水及采暖工程施工质量验收规范》GB 50242—2002；

（8）《建筑电气工程施工质量验收规范》GB 50303—2015；

（9）《××市住宅工程质量分户检验管理办法》，由工程所在地规定。

5.4.2　房屋验收内容

1．看墙壁

（1）仔细检查每个房间墙体是否平整，墙壁是否有裂纹，房顶上、阳台、门窗等是否有裂缝。裂缝主要有两种：一种是与房间横梁平行的裂缝，属质量通病，虽有质量问题，但基本不妨碍使用；另一种是如果裂缝与墙角呈45°斜角，甚至与横梁呈垂直状态，那么说明房屋沉降严重，该住宅有严重结构性质量问题。

（2）内墙墙面上及房屋顶部是否有"石灰爆点"，墙身顶棚有无部分隆起，用小锤轻敲一下听有无空鼓声。墙身、顶棚楼板有无特别倾斜、弯曲、起浪、隆起或凹陷的地方（图5-2、图5-3）。

2．看地面

检查地板是否平整，地面有无空鼓、开裂跑砂的情况。

看墙壁

不知道从什么时候开始，看墙壁竟然成为房屋验收的首要问题。看过最严重的一栋房子，发现窗户在雨天有渗水现象，一问，才知道整栋楼的所有窗户下面的墙壁都渗水。所以，验收这个，最好是在房子交楼前，下过大雨的第二天前往检察一下。这时候墙壁如果有问题，几乎是无可遁形的。墙壁除了渗水外，还有一个问题，就是墙壁是否裂纹。有一个朋友曾反映过他的家有一个门形的裂缝，后来追问发展商，才知道原来是施工时留下的升降梯运货口，后来封补时，马虎处理以致留后患。

图5-2　验墙壁

图5-3　墙壁空鼓

3. 验地平

验地平就是测量离门口最远的室内地面与门口内地面的水平误差（图5-4）。

4. 查渗水

查渗水是查看一些墙体是否有水渍，特别是山墙、厨房卫生间的顶面、外墙及露台地面等地方，如有水渍，说明有渗漏，务必尽快查明原因。查渗水顶层住户尤其需要。

5. 查门窗

查防盗门：要求开发商提供防盗门的质量检测报告，查看门缝是否太紧或太松，门四边、角是否平整，门开关有无特别噪声，门是否有破损，猫眼是否正常，视觉是否清晰，门铃是否正常，按钮是否牢固，防盗门开关是否有障碍，如碰到墙、消防箱等。对讲系统是否正常，单元门能否受控打开。

查窗户：开关是否灵活，是否能关严，隔风、隔声的效果如何。窗是否变形，与墙体是否吻合，窗边与混凝土是否无缝隙，锁扣是否正常，能否锁紧，是否灵活，玻璃是否完好，是否平整、干净、明亮，窗台下是否有水渍（如有可能是窗户漏水），查看密封胶条是否完整牢固，阳台护栏是否牢固等（图5-5）。

一般情况下，房屋的下列部位必须使用安全玻璃：

验地平

验地平就是测量一下离门口最远的室内地面与门口内地面的水平误差。测量的方法也挺简单。去五金店买条小透明水管，注满水。先在门口离地面0.5m或1m处画一个标志。把水管的水位调到此标志高度固定。然后把水管另一端移至离门口最远处的室内，看水管在该处的高度再做一个标志。然后用尺量量一下这个标志的离地高度是多少。这两个高度差就是房屋的水平差。如此类推，测出全屋水平差度。如果差异约2cm属正常，3cm在可接受范围。

图5-4 验地平

（1）7层及7层以上建筑物外开窗；

（2）面积大于1.5m²的窗玻璃或玻璃底边（玻璃在框架中装配完毕，玻璃的透光部分与玻璃安装材料覆盖的不透光部分的分界线）离最终装修面小于500mm的落地窗；

图5-5 验门窗

（3）倾斜装配窗、各类顶棚（含天窗、采光顶）、吊顶；

（4）室内隔断、屏风；

（5）楼梯、阳台、平台走廊的栏板和中庭内护栏板；

（6）公共建筑物的出入口、门厅等部位（包括：门玻璃、安装在门上方的玻璃、安装在门两侧的玻璃，其靠近门道开口的竖直边与门道开口的距离小于300mm）；

（7）易遭受撞击、冲击而造成人体伤害的其他部位。

6. 测量楼层的层高

对照规范查看净高是否符合要求；房屋最高、最低处是否相差（是否倾斜），房间两边的长度是否一致（图5-6）。

7．验管道

水龙头查漏堵，尽可能让水流大一点、急一点，一来查看水压，二来试验排水速度。水管道的试压：一是堵住水管的出口，并保持一段时间；二是用打压机（加水压设备），冷水管压力在10kg、热水管15kg，时间60min/根，如果压力达不到要求或保持不住，说明水管有漏水现象。

验层高

把尺顺着其中的两堵墙的阴角测量，应该测量户内多处地方。一般来说，2.65m左右是可接受的范围，如果房间低于2.6m，那么日后不得不生活在一种压抑的环境里。做矮层高对于发展商来说，是一种有效的节约成本的方法。

1）减少总承重，这样基础部分的成本就可以节约一部分。

2）虽然在只减了10cm左右，但是总体算起来，成本节约也是很多的，尤其对于成片开发的住宅区。3）在一定的高度内，降低层高可以建设更多的层数。

图5-6　验层高

验收下水：向各个下水管处灌入两面盆水，主要是台盆下水、浴缸下水、厨房和卫生及阳台地漏等，听到排水的声音和表面无积水应为正常。打开地漏，查看下水道漏水是否迅速顺利，通过通球试验检查下水道内是否有杂物。

验防水：主要指厨卫的防水。如果交付的毛坯房事先已经声明没有做防水，装修时需要注意。如果在交付时已经做了防水，需要验证防水是否符合要求。

方法：用水泥砂浆做一个槛堵住厨卫的门口，然后拿一胶袋罩住排污/水口，再加以捆实，然后在厨卫放水，高约2cm。然后约好楼下的业主在24h后查看其家厨卫的顶棚。一般情况下，主要的漏水位置是：楼板直接渗漏、管道与地板的接触处渗漏，如图5-7、图5-8所示。

8．查电路

方法：关闭分闸，检查各个分闸是否完全控制各分支线路。用万用表测量各个强、弱电路是否畅通。强电、弱电是否分开且相距一定距离，无交叉。

控制闸具应分开，一般应分别设置控制灯光的闸具、控制插座的闸具，其中空调的插座应与其他线路分开。

检查开关、插座的牢固程度，电话、电视线路应用力拉一下，看是否虚设。插座是否正常通电，有无防护措施；电灯是否都亮；开关是否正常；有线电视线是否通；电话线路是否

验管道

这里所指的管道，是排水/污管道。如阳台之类的排水口，验收时，拿一个盛水器具，倒水进排水口，看水是否顺利地流走，为什么要验收这个呢。因为在工程施工时，有些工人会把水泥渣倒进排水管道走，如水泥较黏的话，就会在弯头处堵塞，造成排水困难。还有种情况，是看排污管是否有蓄水处弯头。弯头会蓄水，这样来自下层管道的臭味就会被挡在这层之下。也许发展商认为用防臭地漏就行了，实践证明防臭地漏远不能满足实际需要。

图5-7　验管道　　　　　　　图5-8　验下水

通；网络线是否通（图5-9）。

另外，要检查燃气管道是否安全（开发商应明确如何测试漏气报警装置）。如有中央空调，验收时要检查空调主机、管路安装是否符合设计要求。

验水电

首先是验一下房屋的水电是否通了。其次是看电线是否符合国标质量。再就是电线的截面面积是否符合要求。一般来说，家里的电线不应低于2.5m²，空调线更应达到4m²，否则使用空调时，容易过热变软。

图5-9　验水电

9．核对买卖合同上注明的设施、设备等是否有遗漏，品牌、数量是否相符

总体来说，验收合格的房屋应做到室内清扫干净，无污物，达到窗明地净，地漏、雨水等处无堵塞杂物。燃气表、电表、水表三表到户，能正常使用（燃气可能要迟一些，入住率达到一定比例才能通气）。在全部检查结束后，将水表、电表和燃气表的读数看清楚，记录下来。

10．对公共环境的验收

楼盘的交付，必然涉及与楼盘使用相关的配套设施的同时交付，如果交付时楼盘四周绿化等配套等还没有完工，除非业主与开发商在契约中就某些事项作了特别约定，否则该楼盘肯定不具备交付条件。合格的楼盘须做到"五通一平"，即燃气、上水、电、污水、路通，一平即楼前6m、楼后3m场地要平整，不准堆积建材或杂物，以确保进出安全。

注意查看电梯箱体本身、电梯门是否正常，楼道、楼梯有无质量问题，是否装修完毕并能正常使用。住户的邮政信箱如何设置需要开发商明确。

5.5　装修房分户验收

5.5.1　验收标准

（1）本节验收标准和办法主要依据以下国家和地方验收规范编写：

《住宅装饰装修工程施工规范》GB 50327—2001；

《建筑装饰装修工程质量验收标准》GB 50210—2018；

《住宅建筑规范》GB 50368—2005；

《住宅设计规范》GB 50096—2011；

《建筑地面工程施工质量验收规范》GB 50209—2010；

《住宅装饰装修工程施工规范》GB 50327—2001；

《建筑设计防火规范》GB 50016—2014。

（2）本验收标准和办法主要依据以下法律法规编写：

《建筑安全玻璃管理规定》；

《商品房销售管理办法》；

《建设工程质量管理条例》。

（3）问题分级

1）本验收标准和办法中等级标为A的，影响人身安全和健康或者国家法律法规，必须无条件做到；

2）等级标为B的，涉及影响装修使用和外观效果，必须做到；

3）等级标为C的，涉及轻微影响装修使用和外观效果，应当做到。

5.5.2　验收中的共性问题

共性问题指在一部分或者全部的房屋内普遍存在的问题，需在验收过程中重点检测与防范，见表5-1～表5-9，各表中问题类别参照本教材5.5.1"问题分级"。

装修房验收存在的问题一览表　　　　　　　　　　　表5-1

序号	共性问题内容	严重性	普遍性	整改难度	建议对策
1	卫生间等电位端子箱被遮蔽或内部没有任何连接线	A	B	A	诉讼解决，别无他法
2	应该使用CCC玻璃的位置没有使用CCC玻璃。包括室内和电梯厅等公共部位	A	A	A	诉讼解决，别无他法
3	公用部位和室内贴砖空鼓	A	A	C	可要求开发商整改
4	储藏室使用镜门的房型，镜子没有使用安全玻璃，同时背后没有衬板	A	A	B	可要求开发商整改
5	窗台玻璃距离地面不足50cm，没有护栏	A	A	C	可要求开发商整改
6	阳台玻璃板部分间距超过11cm，护栏高度部分不足1.05m（多层），1.1m（高层）	A	A	A	整改难度大，但是若家中无小孩，可不整改
7	短路插头插上后不是单独对应的空气开关跳而是总闸跳	A	B	C	可要求开发商整改
8	空调、油烟机、消毒柜和样板房型号不符，降标	B	A	A	诉讼解决，别无他法
9	阳台地漏在铺水泥垫高铺砖后没有加长漏水管	B	A	C	建议自行解决，也可要求开发商整改
10	铝合金门窗划痕、变形、开启困难	B	C	B	可要求开发商整改
11	玻璃有超过100mm的划痕或者划痕数量超过8条	B	C	B	可要求开发商整改
12	部分房型没有安装空调冷凝水集水管	B	C	B	可要求开发商整改

续表

序号	共性问题内容	严重性	普遍性	整改难度	建议对策
13	门扇和门框掉漆、脱皮、划痕	B	B	C	可要求开发商整改
14	地板平整度超标踩踏有异响	B	C	A	可要求开发商整改
15	门与门框、门槛缝隙过大	B	A	A	可自行整改
16	多媒体箱应该引入两根有线电视进线，实际仅引入一根	C	A	A	诉讼解决，别无他法
17	卫生间台盆下柜没有安装开启把手	C	C	C	可要求开发商整改
18	门扇和吸音条在关闭时互相不接触，完全没有起作用	C	B	C	可要求开发商整改
19	窗台、门槛大理石空鼓	C	A	C	可自行整改

装修房验收常用表格模板见表5-2～表5-9。

门、锁、窗验收表　　　　　　　　　　　　　　表5-2

序号	验收内容	标准	等级
1	主入户门指纹开锁	测试10次，应当每次都可以顺利开启。主入户门门锁安装应当牢固，位置准确	A
2	主入户门钥匙开锁	顺利开启	A
3	主入户门上下插条	均可以插上，牢固固定	A
4	主入户门外表及垂直度	光洁无缺陷，铰链光洁无锈斑，安装牢固。门套垂直度误差不超过4mm（2m靠尺垂直度测试）	B
5	主入户门开启灵活性	顺利开启闭合，不受阻滞	B
6	主入户门间隙测试	门与门槛间隙4～5mm。门与门套间隙不超过3mm（楔形塞尺间隙测试一）	B
7	主入户门门吸	安装牢固，可以对门进行限位	B
8	主入户门防火	门框与门扇搭口处留密封槽。加贴不燃性材料制成的密封条（仅高层有此需要）	A
9	次入户门钥匙开锁	顺利开启	A
10	次入户门外表及垂直度	光洁无缺陷，铰链光洁无锈斑，安装牢固。门套垂直度误差不超过4mm（2m靠尺垂直度测试）	B
11	次入户门开启灵活性	顺利开启闭合，不受阻滞	B
12	次入户门间隙测试	门与门槛间隙4～5mm。门与门套间隙不超过3mm（楔形塞尺间隙测试一）	B

续表

序号	验收内容	标准	等级
13	次入户门门吸	安装牢固，可以对门进行限位	B
14	次入户门防火	门框与门扇搭口处留密封槽。加贴不燃性材料制成的密封条（仅高层有此需要）	A
15	主卧分室门外表及垂直度	光洁无缺陷，铰链光洁无锈斑，安装牢固。门套垂直度误差不超过4mm（2m靠尺垂直度测试）	B
16	主卧分室门开启灵活性及门锁	顺利开启闭合，不受阻滞。门锁使用正常，外观无缺陷	B
17	主卧分室门间隙测试	门与门槛间隙不超过5mm。门与门套间隙不超过3mm（楔形塞尺间隙测试一）	B
18	主卧分室门消音条	闭门时可碰到门扇，起到消声作用	B
19	主卧分室门门吸	安装牢固，可以对门进行限位	B
20	次卧一分室门外表及垂直度	光洁无缺陷，铰链光洁无锈斑，安装牢固。门套垂直度误差不超过4mm（2m靠尺垂直度测试）	B
21	次卧一分室门开启灵活性及门锁	顺利开启闭合，不受阻滞。门锁使用正常，外观无缺陷	B
22	次卧一分室门间隙测试	门与门槛间隙不超过5mm。门与门套间隙不超过3mm（楔形塞尺间隙测试一）	B
23	次卧一分室门消音条	闭门时可碰到门扇，起到消声作用	B
24	次卧一分室门门吸	安装牢固，可以对门进行限位	B
25	次卧二分室门外表及垂直度	光洁无缺陷，铰链光洁无锈斑，安装牢固。门套垂直度误差不超过4mm（2m靠尺垂直度测试）	B
26	次卧二分室门开启灵活性及门锁	顺利开启闭合，不受阻滞。门锁使用正常，外观无缺陷	B
27	次卧二分室门间隙测试	门与门槛间隙不超过5mm。门与门套间隙不超过3mm（楔形塞尺间隙测试一）	B
28	次卧二分室门消音条	闭门时可碰到门扇，起到消声作用	B
29	次卧二分室门门吸	安装牢固，可以对门进行限位	B
30	次卧三分室门外表及垂直度	光洁无缺陷，铰链光洁无锈斑，安装牢固。门套垂直度误差不超过4mm（2m靠尺垂直度测试）	B
31	次卧三分室门开启灵活性及门锁	顺利开启闭合，不受阻滞。门锁使用正常，外观无缺陷	B
32	次卧三分室门间隙测试	门与门槛间隙不超过5mm。门与门套间隙不超过3mm（楔形塞尺间隙测试一）	B
33	次卧三分室门消音条	闭门时可碰到门扇，起到消声作用	B
34	次卧三分室门门吸	安装牢固，可以对门进行限位	B
35	主卫分室门外表及垂直度	光洁无缺陷，铰链光洁无锈斑，安装牢固。门套垂直度误差不超过4mm（2m靠尺垂直度测试）	B

续表

序号	验收内容	标准	等级
36	主卫分室门开启灵活性及门锁	顺利开启闭合，不受阻滞。门锁使用正常，外观无缺陷	B
37	主卫分室门间隙测试	门与门槛间隙为8～12mm。门与门套间隙不超过3mm（楔形塞尺间隙测试一）	A
38	主卫分室门消音条	闭门时可碰到门扇，起到消声作用	B
39	主卫分室门门吸	安装牢固，可以对门进行限位	B
40	厨房分室门外表及垂直度	光洁无缺陷，铰链光洁无锈斑，安装牢固。门套垂直度误差不超过4mm（2m靠尺垂直度测试）	B
41	厨房分室门开启灵活性及门锁	顺利开启闭合，不受阻滞。门锁使用正常，外观无缺陷	B
42	厨房分室门间隙测试	门与门槛间隙为8～12mm。门与门套间隙不超过3mm（楔形塞尺间隙测试一）	A
43	厨房分室门消音条	闭门时可碰到门扇，起到消声作用	B
44	厨房分室门门吸	安装牢固，可以对门进行限位	B
45	客卫分室门外表及垂直度	光洁无缺陷，铰链光洁无锈斑，安装牢固。门套垂直度误差不超过4mm（2m靠尺垂直度测试）	B
46	客卫分室门开启灵活性及门锁	顺利开启闭合，不受阻滞。门锁使用正常，外观无缺陷	B
47	客卫分室门间隙测试	门与门槛间隙为8～12mm之间。门与门套间隙不超过3mm（楔形塞尺间隙测试一）	A
48	客卫分室门消音条	闭门时可碰到门扇，起到消声作用	B
49	客卫分室门门吸	安装牢固，可以对门进行限位	B
50	门框和墙纸接合工艺	连接紧密，至少应当有硅胶收口，不能有脱开有缝隙的情况	B
51	阳台落地窗玻璃	有CCC标志，没有爆边、碎裂、磨花，没有超过100mm划痕，不超过100mm的划痕不超过8条	A
52	阳台护栏玻璃	有CCC标志，没有爆边、碎裂、脱胶、磨花，没有超过100mm划痕，不超过100mm的划痕不超过8条	A
53	主卧窗玻璃	有CCC标志，没有爆边、碎裂、磨花，没有超过100mm划痕，不超过100mm的划痕不超过8条（6层及6层以下外开窗不需要CCC标志）	A
54	次卧一窗玻璃	有CCC标志，没有爆边、碎裂、磨花，没有超过100mm划痕，不超过100mm的划痕不超过8条（6层及6层以下外开窗不需要CCC标志）	A
55	次卧二窗玻璃	有CCC标志，没有爆边、碎裂、磨花，没有超过100mm划痕，不超过100mm的划痕不超过8条（6层及6层以下外开窗不需要CCC标志）	A
56	次卧三窗玻璃	有CCC标志，没有爆边、碎裂、磨花，没有超过100mm划痕，不超过100mm的划痕不超过8条（6层及6层以下外开窗不需要CCC标志）	A

续表

序号	验收内容	标准	等级
57	厨房窗玻璃	没有爆边、碎裂、磨花，没有超过100mm划痕，不超过100mm的划痕不超过8条	B
58	厨房移门玻璃	有CCC标志，没有爆边、碎裂、磨花，没有超过100mm划痕，不超过100mm的划痕不超过8条	A
59	客卫窗玻璃	有CCC标志，没有爆边、碎裂、磨花，没有超过100mm划痕，不超过100mm的划痕不超过8条（6层及6层以下不需要CCC标志）	A
60	客卫门玻璃	有CCC标志，没有爆边、碎裂、磨花，没有超过100mm划痕，不超过100mm的划痕不超过8条。应当是毛玻璃。毛玻璃毛面不得在外侧	A
61	主卫窗玻璃	有CCC标志，没有爆边、碎裂，没有超过100mm划痕，不超过100mm的划痕不超过8条（6层及6层以下不需要CCC标志）	A
62	主卫门玻璃	有CCC标志，没有爆边、碎裂，没有超过100mm划痕，不超过100mm的划痕不超过8条	A
63	铝合金窗开启灵活性	开启灵活无阻滞	C
64	铝合金窗框架划痕损伤	完好无划痕、豁口、变形	B
65	铝合金门窗边缘镶嵌的防水消音条	完整，无短缺	B
66	铝合金门窗关闭密封性	无缝隙	B
67	公用部位玻璃	有CCC标志，没有爆边、碎裂，没有超过100mm划痕，不超过100mm的划痕不超过8条。安装牢固不晃动	A

地面工程验收表　　　　　　　　　　　　　　　表5-3

序号	验收内容	标准	等级
1	门槛大理石外观	光洁完好，不能有裂纹	B
2	门槛大理石空鼓	不能有空鼓（金属小锤空鼓测试）	B
3	阳台地面镶贴外观（包括南北阳台）	光洁完好，不能有裂纹缺角	B
4	阳台地面镶贴空鼓（包括南北阳台）	不能有空鼓（金属小锤空鼓测试）	B
5	阳台地面镶贴平整度（包括南北阳台）	不超过2mm（2m靠尺，楔形塞尺平整度测试）	C
6	阳台地面镶贴高低差（包括南北阳台）	不超过0.5mm（钢皮尺、楔形塞尺高低差测试）	C
7	阳台地面镶贴间隙（包括南北阳台）	不超过2mm（钢皮尺间隙测试二）	C
8	阳台地漏（包括南北阳台）	通畅不堵塞，安装不错位（泼水测试）	B
9	阳台排水（包括南北阳台）	水流迅速向地漏方向流去，不能有局部积水（泼水测试）	B
10	客厅地板外观	平整、光洁、没有鼓泡、翘边	B

续表

序号	验收内容	标准	等级
11	客厅地板平整度	不超过2mm（2m靠尺，楔形塞尺平整度测试）	C
12	客厅地板高低差	不超过0.5mm（钢皮尺、楔形塞尺高低差测试）	C
13	客厅地板间隙	不超过0.5mm（钢皮尺间隙测试二）	C
14	客厅地板异响	踩踏不应有异响	B
15	主卧地板外观	平整、光洁、没有鼓泡、翘边	B
16	主卧地板平整度	不超过2mm（2m靠尺，楔形塞尺平整度测试）	C
17	主卧地板高低差	不超过0.5mm（钢皮尺、楔形塞尺高低差测试）	C
18	主卧地板间隙	不超过0.5mm（钢皮尺间隙测试二）	C
19	主卧地板异响	踩踏不应有异响	B
20	次卧一地板外观	平整、光洁、没有鼓泡、翘边	B
21	次卧一地板平整度	不超过2mm（2m靠尺，楔形塞尺平整度测试）	C
22	次卧一地板高低差	不超过0.5mm（钢皮尺、楔形塞尺高低差测试）	C
23	次卧一地板间隙	不超过0.5mm（钢皮尺间隙测试二）	C
24	次卧一地板异响	踩踏不应有异响	B
25	次卧二地板外观	平整、光洁、没有鼓泡、翘边	B
26	次卧二地板平整度	不超过2mm（2m靠尺，楔形塞尺平整度测试）	C
27	次卧二地板高低差	不超过0.5mm（钢皮尺、楔形塞尺高低差测试）	C
28	次卧二地板间隙	不超过0.5mm（钢皮尺间隙测试二）	C
29	次卧二地板异响	踩踏不应有声音	B
30	次卧三地板外观	平整、光洁、没有鼓泡、翘边	B
31	次卧三地板平整度	不超过2mm（2m靠尺，楔形塞尺平整度测试）	C
32	次卧三地板高低差	不超过0.5mm（钢皮尺、楔形塞尺高低差测试）	C
33	次卧三地板间隙	不超过0.5mm（钢皮尺间隙测试二）	C
34	次卧三地板异响	踩踏不应有声音	B

续表

序号	验收内容	标准	等级
35	踢脚线外观	色差不明显，拼缝严密，钉子经过处理应当看不出来	C
36	客卫地面镶贴外观	光洁完好，不能有裂纹缺角	B
37	客卫地面镶贴空鼓	不应有空鼓（金属小锤空鼓测试）	B
38	客卫地面镶贴平整度	不超过2mm（2m靠尺，楔形塞尺平整度测试）	C
39	客卫地面镶贴高低差	不超过0.5mm（钢皮尺、楔形塞尺高低差测试）	C
40	客卫地面镶贴间隙	不超过2mm（钢皮尺间隙测试二）	C
41	客卫地漏	通畅不堵塞，安装不错位（泼水测试）	B
42	客卫排水坡度	水流迅速向地漏方向流去，不能有局部积水（泼水测试）	B
43	客卫坐便器与地面接合	紧密不漏水，冲马桶三次检测	B
44	主卫地面镶贴外观	光洁完好，不能有裂纹缺角	B
45	主卫地面镶贴空鼓	不能有空鼓（金属小锤空鼓测试）	B
46	主卫地面镶贴平整度	不超过2mm（2m靠尺，楔形塞尺平整度测试）	C
47	主卫地面镶贴高低差	不超过0.5mm（钢皮尺、楔形塞尺高低差测试）	C
48	主卫地面镶贴间隙	不超过2mm（钢皮尺间隙测试二）	C
49	主卫地漏	通畅不堵塞，安装不错位	B
50	主卫排水坡度	水流迅速向地漏方向流去，不能有局部积水（泼水测试）	B
51	主卫坐便器与地面接合	紧密不漏水，冲马桶三次检测	B
52	主卫浴缸与地面接合	紧密不漏水，蓄水测试	B
53	厨房地面镶贴外观	光洁完好，不能有裂纹缺角	B
54	厨房地面镶贴空鼓	不能有空鼓（金属小锤空鼓测试）	B
55	厨房地面镶贴平整度	不超过2mm（2m靠尺，楔形塞尺平整度测试）	C
56	厨房地面镶贴高低差	不超过0.5mm（钢皮尺、楔形塞尺高低差测试）	C
57	厨房地面镶贴间隙	不超过2mm（钢皮尺间隙测试二）	C
58	厨房地漏	通畅不堵塞，安装不错位	B

墙面工程验收表 表5-4

序号	验收内容	标准	等级
1	客厅墙纸外观	距离1.5m正面观察，应看不出拼缝、污渍、色差。无脱胶、鼓泡、波纹起伏、皱褶、漏贴。和贴脚线门框结合紧密	B
2	主卧墙纸外观	距离1.5m正面观察，应看不出拼缝、污渍、色差。无脱胶、鼓泡、波纹起伏、皱褶、漏贴。和贴脚线门框结合紧密	B
3	次卧一墙纸外观	距离1.5m正面观察，应看不出拼缝、污渍、色差。无脱胶、鼓泡、波纹起伏、皱褶、漏贴。和贴脚线门框结合紧密	B
4	次卧二墙纸外观	距离1.5m正面观察，应看不出拼缝、污渍、色差。无脱胶、鼓泡、波纹起伏、皱褶、漏贴。和贴脚线门框结合紧密	B
5	次卧三墙纸外观	距离1.5m正面观察，应看不出拼缝、污渍、色差。无脱胶、鼓泡、波纹起伏、皱褶、漏贴。和贴脚线门框结合紧密	B
6	储藏室墙纸外观	距离1.5m正面观察，应看不出拼缝、污渍、色差。无脱胶、鼓泡、波纹起伏、皱褶、漏贴。和贴脚线门框结合紧密	C
7	衣柜墙纸外观	距离1.5m正面观察，应看不出拼缝、污渍、色差。无脱胶、鼓泡、波纹起伏、皱褶、漏贴。和贴脚线门框结合紧密	C
8	墙纸阴阳角处理	阴阳角处理挺括。无损伤塌陷	B
9	客厅墙面垂直度	不超过4mm（2m靠尺垂直度测试）	C
10	主卧墙面垂直度	不超过4mm（2m靠尺垂直度测试）	C
11	次卧一墙面垂直度	不超过4mm（2m靠尺垂直度测试）	C
12	次卧二墙面垂直度	不超过4mm（2m靠尺垂直度测试）	C
13	次卧三墙面垂直度	不超过4mm（2m靠尺垂直度测试）	C
14	厨房墙面镶贴外观	光洁完好，不能有裂纹缺角	B
15	厨房墙面镶贴空鼓	不能有空鼓。单块砖的空鼓面积不足总面积15%不计为空鼓（金属小锤空鼓测试）	A
16	厨房墙面镶贴平整度	不超过3mm（2m靠尺，楔形塞尺平整度测试）	C
17	厨房墙面镶贴高低差	不超过0.5mm（钢皮尺，楔形塞尺高低差测试）	C
18	厨房墙面镶贴间隙	不超过1mm（钢皮尺间隙测试二）	C
19	厨房墙面垂直度	不超过3mm（2m靠尺垂直度测试）	C
20	客卫墙面镶贴外观	光洁完好，不能有裂纹缺角	B
21	客卫墙面镶贴空鼓	不能有空鼓。单块砖的空鼓面积不足总面积15%不计为空鼓（金属小锤空鼓测试）	A
22	客卫墙面镶贴平整度	不超过3mm（2m靠尺，楔形塞尺平整度测试）	C
23	客卫墙面镶贴高低差	不超过0.5mm（钢皮尺、楔形塞尺高低差测试）	C
24	客卫墙面镶贴间隙	不超过1mm（钢皮尺间隙测试二）	C
25	客卫墙面垂直度	不超过3mm（2m靠尺垂直度测试）	C

续表

序号	验收内容	标准	等级
26	主卫墙面镶贴外观	光洁完好，不能有裂纹缺角	B
27	主卫墙面镶贴空鼓	不能有空鼓。单块砖的空鼓面积不足总面积15%不计为空鼓（金属小锤空鼓测试）	A
28	主卫墙面镶贴平整度	不超过3mm（2m靠尺，楔形塞尺平整度测试）	C
29	主卫墙面镶贴高低差	不超过0.5mm（钢皮尺、楔形塞尺高低差测试）	C
30	主卫墙面镶贴间隙	不超过1mm（钢皮尺间隙测试二）	C
31	主卫墙面垂直度	不超过3mm（2m靠尺垂直度测试）	C
32	主客卫厨房阴阳角	不超过3mm（直角检测尺阴阳角偏差测试）	B
33	公用部位墙面验收	不能有空鼓。单块砖的空鼓面积不足总面积15%不计为空鼓（金属小锤空鼓测试）	A

设施验收表　　　　　　　　　　　　　　　　　　　表5-5

序号	验收内容	标准	等级
1	淋浴房地漏	通畅不堵塞，安装不错位	B
2	淋浴房配件外观	光洁无锈斑、白斑、划痕	B
3	淋浴房配件功能	正常使用，灵活可靠	B
4	淋浴房与墙面接缝漏水测试	不得有漏水	B
5	淋浴房玻璃	有CCC标志，没有爆边、碎裂、磨花，没有超过100mm划痕，不超过100mm的划痕不超过8条。密封条完好	A
6	客卫镜子外观	光洁完好，没有爆边、碎裂、磨花，无超过100mm划痕，不超过100mm的划痕不超过8条	A
7	客卫台下柜	应当有开启把手、门扇完好，开启方便。五金件安装到位牢固	B
8	客卫台面外观	台面光洁，无裂纹砂眼变色污垢等缺陷。台面和台盆接合处严密不漏水	B
9	客卫台盆龙头	龙头开闭灵活，出水量大，最大出水量出水水不外溅	B
10	客卫台盆外观	完好光洁	B
11	客卫台盆溢水测试	最大水量持续放水5min，多余水量应可全部从溢水口流走不外溢	B
12	客卫坐便器冲水测试	放入10张双层卫生纸，应可一次冲洗干净	B
13	主卫浴缸外观功能	完好光洁无缺陷，配套龙头等均光洁无锈斑白斑。龙头出水顺畅	B
14	主卫浴缸地漏排水	拔出浴缸淋浴龙头，对着缝隙灌水10min，地面应无渗漏	B
15	主卫镜子外观	光洁完好，没有爆边、碎裂、磨花，没有超过100mm划痕，不超过100mm的划痕不超过8条	A

续表

序号	验收内容	标准	等级
16	主卫台下柜	应当有开启把手、门扇完好，开启方便。五金件安装到位牢固	B
17	主卫台面外观	台面光洁，无裂纹砂眼变色污垢等缺陷。台面和台盆接合处严密不漏水	B
18	主卫台盆龙头	龙头开闭灵活，出水量大，最大出水量出水水不外溅	B
19	主卫台盆外观	完好光洁	B
20	主卫台盆溢水测试	最大水量持续放水5min，多余水量应可全部从溢水口流走不外溢	B
21	主卫坐便器冲水测试	放入10张双层卫生纸，应可一次冲洗干净	B
22	浴霸测试	开启灯，确认制热功能正常	B
23	客厅空调测试	测试，看其是否能正常运作。空调墙洞应密封完好	B
24	客厅空调与样板房对比	观察其型号是否与样板房一致，样板房型号请参考样板房电器型号一览表	A
25	主卧空调测试	测试，看其是否能正常运作。空调墙洞应密封完好	B
26	主卧空调与样板房对比	观察其型号是否与样板房一致，样板房型号请参考样板房电器型号一览表	A
27	次卧一空调测试	测试，看其是否能正常运作。空调墙洞应密封完好	B
28	次卧一空调与样板房对比	观察其型号是否与样板房一致，样板房型号请参考样板房电器型号一览表	A
29	次卧二空调测试	测试，看其是否能正常运作。空调墙洞应密封完好	B
30	次卧二空调与样板房对比	观察其型号是否与样板房一致，样板房型号请参考样板房电器型号一览表	A
31	次卧三空调测试	测试，看其是否能正常运作。空调墙洞应密封完好	B
32	次卧三空调与样板房对比	观察其型号是否与样板房一致，样板房型号请参考样板房电器型号一览表	A
33	储藏室门扇外观	门套垂直、拼合密合美观、外观无缺陷。门扇光洁无划痕、爆漆、起皮。若为玻璃门则光洁完好，没有爆边、碎裂、磨花，没有超过100mm划痕，不超过100mm的划痕不超过8条	B
34	储藏室轨道	完好顺畅，和地面贴合紧密	B
35	衣柜门扇外观	门套垂直、拼合密合美观、外观无缺陷。门扇光洁无划痕	B
36	衣柜轨道	完好顺畅，和地面贴合紧密	B
37	脱油烟机外观功能	外观完好、灯具、抽吸功能完好	B
38	脱油烟机与样板房对比	观察其型号是否与样板房一致，样板房型号请参考样板房电器型号一览表	A
39	消毒柜外观功能	外观完好、抽拉顺畅。开启消毒时应当无法打开消毒柜	B

续表

序号	验收内容	标准	等级
40	消毒柜与样板房对比	观察其型号是否与样板房一致，样板房型号请参考样板房电器型号一览表	A
41	不锈钢背板外观	光洁无划痕、凹坑	B
42	热水器插头距煤气管距离	应当超过150mm	A
43	橱柜门开启灵活性	开启应灵活，关闭应严密。五金件安装牢固	B
44	橱柜门外观	门扇光洁无划痕、爆漆、起皮	B
45	橱柜隔板外观	封边完整，表面平整	B
46	橱柜与墙面缝隙	连接紧密，至少应用硅胶收口	B
47	橱柜水平调节设施	上方橱吊柜内应有吊码，橱柜脚柱也为可调整高度	B
48	橱柜金属件	拖篮等推拉顺畅。五金件安装牢固。抽屉开启关闭灵活	B
49	人造石台面平整度	不超过2mm（2m靠尺、楔形塞尺）	B
50	人造石台面牢固度	选择最宽的木条支撑间隔处台面，用力下压，不应感觉明显变形	A
51	厨房水槽外观功能	外表应光洁无划痕。如有锈斑，用牙刷、牙膏应该可以完全去除。塞住下水口，最大水量放水，水应当可以完全从溢水口排出，不会漫溢	B
52	厨房水龙外观功能	水龙外观光洁无瑕疵白斑等，放水量大，放水时水不外溅	B
53	空调外机冷凝水收集管	空调外机位应设置冷凝水收集管，不可在侧面打一个洞靠阳台地漏排水	B

强电及弱电验收表 表5-6

序号	验收内容	标准	等级
1	漏电保护测试	测试插头漏电保护。应当插入即有对应空气开关跳开，不允许有总闸跳开、烧毁保险丝情况发生。同时检测线路和插座对应情况。此项检测若一次测试不合格即不合格，请不要重复测试，避免出现安全性问题（自制短路插头短路测试）	A
2	左零右火测试	全检测试插头零火线连接。应当左不亮右亮（电笔通电测试）	A
3	地线测试	地线决不允许和火线短接，也不允许接地不良或开路。断闸后火线和地线之间电阻应为无穷大，若为0则是危险的短路。地线和人手之间应几乎无电位差，若有几十伏的电位差则说明地线开路（数字万用电表地线电阻测试，地线交流电压测试）	A
4	等电位连接测试	卫生间应有等电位连接箱，打开有多条等电位连接线。找不到或者内部不接线均不合格。接地应当良好。浴缸和水龙、花洒和人手之间应几乎无电位差，若有几十伏的电位差则说明没有接等电位端子（数字万用电表交流电压测试）	A
5	厨房防溅插座	厨房应当全部采用防溅插座	B

续表

序号	验收内容	标准	等级
6	卫生间防溅插座	卫生间应全部采用防溅插座	A
7	开关位置	所有开关应当安装稳固、正确。不应有开关在可能溅到水的位置，如毛巾架下	A
8	弱电面板位置	弱电面板应当安装牢固，距离地面35cm，保持互相之间整齐划一。尤其客厅的弱电面板，应当完全平行	B
9	插头位置	插头应当安装牢固，距离地面35cm，保持互相之间整齐划一	B
10	对比图纸验收	对比水电施工图纸，确保每一个插头、开关在应当出现的地方出现。插头、开关能够避开大件家具的遮挡	A
11	灯开启测试	测试所有的开关，都应该控制着一路灯。每个开关测试10次	A

层高、吊顶、顶棚验收表　　　　　　　　　　　　　　　表5-7

序号	验收内容	标准	等级
1	层高测试	测试客厅四角，应当在2.7m以上	A
2	层高误差测试	测试客厅四角，误差应当在10mm以内	B
3	吊顶外观	应当平整。表面平整，无污染、折裂、缺棱、掉角、锤痕等缺陷	B
4	吊顶距顶棚距离测试	误差不应超过10mm	B
5	顶棚涂料测试	表面无起皮、表面无皱皮，起壳，鼓泡，无明显透底，色差，泛碱，返色，无砂眼、流坠、粒子等	B
6	防水石膏板测试	泼水测试，水不可被吸收，而应似露珠悬挂。表面无起皮、表面无皱皮，起壳，鼓泡，无明显透底，色差，泛碱，返色，无砂眼、流坠、粒子等	B
7	厨房吊顶测试	吊顶与边框接缝紧密，表面平整美观	B

管道渗水验收表　　　　　　　　　　　　　　　　　　表5-8

序号	验收内容	标准	等级
1	厨房水槽水管渗水	盛水至溢水孔，继续放水，两小时后缓验收下水管，用干燥手摸管道连接处，不应有渗漏湿手现象	B
2	厨房水管与橱柜接合	应当扣合严密，不得有缝隙	B
3	主卫台盆水管渗水	盛水至溢水孔，继续放水，两小时后验收下水管，用干燥手摸管道连接处，不应有渗漏湿手现象	B
4	客卫台盆水管渗水	盛水至溢水孔，继续放水，两小时后验收下水管，用干燥手摸管道连接处，不应有渗漏湿手现象	B
5	浴缸与地面接合处渗水	盛水至溢水孔，继续放水，两小时后，干燥手摸地面连接处，不应有渗漏湿手现象	B
6	淋浴房与地面接合处渗水	连续放水半小时后，干燥手摸地面连接处，不应有渗漏湿手现象	B

交付时常见缴费一览表　　　　　　　　　　　　　表5-9

缴费事项	缴费对策	缴费对象	缴费数额	回执
房屋面积差额	在对方出示"房屋建筑面积测算表"的情况下，可以支付（面积差额超过2%及阁楼业主情况特殊，请在现场遵循维权小组指示行动）	开发商	（实测面积–预测面积）×房屋单价	发票
维修基金	应当缴纳	指定银行	收据	
物业管理费	确保物业公司符合合同约定且合法具有资质的情况下可以缴纳	物业公司	实测面积×2.3×3（高层）或实测面积×1.9×3（多层）	发票
装修垃圾清运费	如需要二次装修则必须缴纳，否则不缴纳	物业公司代收	60～90m²300元；90～120m²350元；120m²以上400元。或根据当地有关部门规定	收据
分时电表费	应当缴纳	物业公司代收	根据当地有关部门规定	收据
有线电视开通费	在确认房屋内有两根入户线之前建议暂时不缴纳，不会影响收房	物业公司代收	根据当地有关部门规定	
有线电视收视费	在确认房屋内有两根入户线之前建议暂时不缴纳，不会影响收房	物业公司代收	根据当地有关部门规定	发票

5.6　操作训练

5.6.1　验房结果报告案例（节选）

近日受业主委托，我公司对××路某小区进行验房，现将质量问题汇总归纳。如下：

1. 户门锁点只有2个

《防盗安全门通用技术条件》GB 17565—2007中第5.10.4条规定，"门框与门扇间的锁闭点数，丙级防盗门应不少于8个。"

对于防盗门的重要性能在于安装牢固，门的铁皮厚度，锁的质量，门扇内防火保温岩棉。现户门主锁舌只有2个锁点，达不到规范规定8个锁点的规定，对入户门的防盗能力有影响。

2. 户门框扇有碰坑划伤

《建筑修饰装修工程质量验收标准》GB 50210—2018中第5.3.6条规定："金属门窗表面应洁净、平整、光滑、色泽一致，无锈蚀。大面应无划痕、磁伤。漆膜或保护层应连续。"

根据规范规定，门扇表面碰伤（坑）、划痕应进行整改，批油性腻子、打磨、喷漆。

3. 卫生间外侧有两个质量问题

1）卫生间门外侧左边墙砖高低差有5mm之多。

《建筑修饰装修工程质量验收标准》GB 50210—2018中第8.3.11条（允许偏差）规定："接缝高低差，内墙面砖允许偏差为0.5mm。"规范要求实际墙砖接缝规范规定超过允许偏差1.5倍，且超差点数在20%的范围内为合格。现在实际高低差超过规范过大，严重不合格，应该拆除此不合格部位墙砖，重新粘贴。

2）门套筒子板与结构墙体内未填实

《建筑修饰装修工程质量验收标准》GB 50210—2018中第5.2.15条规定，"木门窗与墙体间的填嵌材料应符合设计要求，填嵌应饱满"。

此处在墙砖整改后，将门套与结构墙体的缝填嵌密实。

4．门套对拼接口处开裂，门扇玻璃压条对拼处开裂

《建筑修饰装修工程质量验收标准》GB 50210—2018中第12.4.5条规定，"木门套应接缝严密、色泽一致，不得有裂缝、翘曲及损坏"。

按规范规定，木门、门套开裂是质量通病，应进行整改。

5．门扇上侧小面（上帽头）木材开裂，有缝隙

此缝隙不是规范规定的透气孔，是材质开裂所致，应该用干燥木条加胶嵌实，刨光、批腻子油漆。

6．门套与壁纸墙面有间隙，且与主体结构之间有间隙

《建筑修饰装修工程质量验收标准》GB 50210—2018中第5.1.9条规定，"木门窗与混凝土或抹灰层接触处，应进行防腐处理并应设置防潮层"。

按施工艺，门套与墙体间隙应嵌填密实，门套贴脸板与墙面之间的缝隙应该打胶密封。

7．外墙窗框边打胶间断或未打胶

《建筑修饰装修工程质量验收标准》GB 50210—2018中第5.3.8条规定，"金属门窗框与墙体间的缝隙应嵌饱满，并采用密封胶密封。密封胶表面应光滑、顺直、无裂纹"。

按规范要求，外墙窗框边打胶间断或未打胶处，应进行打胶处理。

8．盥洗室洗手盆上沿与台面交处未打胶

《住宅修饰装修工程施工规范》GB 50327—2001中第15.3.3中规定，"各种卫生器具与台面、墙面、地面等接触部位均应采用硅酮胶或防水密封条密封"。

按规范规定，盥洗室洗手盆上沿与台面交处未打胶应全部打胶处理。

9．墙壁纸空鼓

《建筑修饰装修工程质量验收标准》GB 50210—2018中第11.2.5条规定，"墙纸、墙布应粘贴牢固，不得有漏贴、补贴、脱层、空鼓和翘边"。

按规范要求，墙纸空鼓处应重新整改粘贴。

10．窗台板外边与其下部墙体有间隙

此处安装窗台板后，间隙未收口，应用水泥砂浆嵌实。

11．盥洗室马赛克墙面勾缝不密实，不光滑

《建筑修饰装修工程质量验收标准》GB 50210—2018中第8.3.9条规定，"饰面砖接缝应平直、光滑，填嵌应连续、密实"。

根据规范规定，陶瓷锦砖勾缝不密实，不光滑问题应重新勾缝。

12. 盥洗室镜边打胶不顺畅

镜边打胶是为防止镜面结露，并且使两种材料分色界面整齐清晰，打胶应宽度一致、美观。因此，盥洗室镜边打胶不顺畅应重新打胶。

13. 地漏坑内有毛刺、灰溜、不光，影响下水顺畅。应清除毛刺，用防水堵漏灵勾光。

14. 地漏水封破损，导致密封不严，会产生返味后果，需要更换地漏水封。

15. 水柜门扇上则两扇间对拼不平，影响观感，应调整门扇合页，达到上口相平。

16. 阳台梁侧边外装饰层开裂，应先清除空裂层，用抗裂砂浆批嵌裂缝，堵实渗水通道，防止向外墙渗水。

17. 衣柜上侧小顶棚沿东西两侧大小头，相差约20mm。应该将衣柜和墙体重新返工、整改，使小顶棚沿东西向宽度一致。

5.6.2 任务：某住宅分户验收

注意：验收时，应准备一份纪录表，详见表5-10、表5-11。

自助式验房记录表

表5-10

项目名称：	开发商：	物业公司：
房屋楼号：	验房日期：	验房人员：

一、文件

1. 房屋权属文件：《国有土地使用权证》上是否有抵押记载？是□否□

2. 房屋质量文件：是否有《住宅使用说明书》《住宅质量保证书》《竣工验收备案表》？是□否□

3. 各种相关验收表格：是否有《住户验房交接表》、《楼宇验收记录表》、《商品房面积测绘技术报告书》、房屋管线图（水、强电、弱电、结构）等文件？是□否□

4. 如果是精装修，是否有厨、卫精装修物品的使用说明书以及这些物品的保修单？是□否□

二、门

5. 每间居室的门在开启、关闭的时候是否灵活？是□否□

6. 门与门框的各边之间是否平行？是□否□

7. 门插是否插入得太少？是□否□

8. 门间隙是否太大？（门和门锁间的缝隙必须小于3mm）是□否□

9. 每间居室的门的插销、门销是否太长太紧？是□否□

三、窗

10. 窗边与混凝土接口是否有缝隙？（窗框属易撞击处，框墙接缝处一定要密实，不能有缝隙）是□否□

11. 各个窗户在开启、关闭的时候是否灵活？是□否□

12. 窗与窗框各边之间是否平行？是□否□

13. 窗户玻璃是否完好？是□否□

14. 窗台下面有无水渍？（如有则可能是窗户漏水）是□否□

四、墙

15. 屋顶上是否有裂缝？（与横梁平行基本无妨，如果裂缝与墙角呈45°斜角，说明有结构问题）是□否□

16. 承重墙是否有裂缝？（若裂缝贯穿整个墙面，表示该房存在隐患）是□否□

17. 房间与阳台的连接处是否有裂缝？（如裂缝很可能是阳台断裂的先兆，要立即通知相关单位）是□否□

18. 墙身顶棚是否有隆起？用木槌敲一下是否有空声？是□否□

19. 从侧面看墙上是否留有较大、较粗的颗粒或印迹粗糙？是□否□

20. 墙面是否有水滴、结雾的现象？（冬天房间里的墙面如有水滴，说明墙面的保温层可能有问题）是□否□

21. 山墙、厨房、卫生间顶面、外墙是否有水迹？是□否□

22. 内墙墙面上是否有石灰爆点（麻点）？是□否□

23. 墙身有无特别倾斜、弯曲、起浪、隆起或凹陷的地方？是□否□

24. 墙上涂料颜色是否有明显不均匀处？是□否□

五、顶棚

25. 是否有麻点？（如果顶部有麻点，对室内装潢将带来很大的不利影响）是□否□

26. 是否有雨水渗漏的痕迹或者裂痕？是□否□

27. 卫生间顶棚是否有漆脱落或长霉菌？是□否□

28. 顶棚楼板有无特别倾斜、弯曲、起浪、隆起或凹陷的地方？是□否□

六、地面

29. 检查地面有无空壳开裂情况？（用小木槌敲，"咚咚"声就说明是空心的，要返工，要"梆梆"声才好）是□否□

30. 看地板有无松动、爆裂、撞凹？是□否□

31. 木地板踩上去是否有明显不正常的"吱吱"声？是□否□

32. 地板间隙是否太大？是□否□

33. 柚木地板有无大片黑色水渍？是□否□

34. 地脚线接口是否妥当，有无松动？是□否□

35. 用鞋在地上滑，是否能明显感受到地砖接缝处不平？是□否□

七、卫生间

36. 坐厕下水是否顺畅？是□否□

37. 冲厕水箱是否有漏水声？是□否□

38. 浴缸、面盆与墙或柜的接口处是否做了防水？（一般会有防水涂层）是□否□

39. 是否有地漏，坡度是否向地漏倾斜？是□否□

40. 浴缸、抽水马桶、洗脸池等是否有渗漏现象？（裂痕有时细如毛发，要仔细观察）是□否□

41. 水口内是否留有较多的建筑垃圾？是□否□

42．水池龙头是否妥当，下水是否顺畅？ 是□否□

43．淋浴花洒安装是否过低？ 是□否□

八、厨房

44．电、水、煤气表具是否齐全？ 是□否□

45．电、水、煤气表的度数是否由零开始？ 是□否□

46．是否有地漏，坡度是否向地漏倾斜？ 是□否□

47．厨房瓷砖、陶瓷锦砖有无疏松脱落及凹凸不平？ 是□否□

48．墙面瓷砖砌筑是否合格？（砖块不能有裂痕，不能空鼓，必须砌实）是□否□

49．厨具、瓷砖及下水管上有无粘上水泥尚未清洗？ 是□否□

50．水池龙头是否妥当，下水是否顺畅？ 是□否□

51．您住的房间上面的邻居家是否漏水？ 是□否□

52．水口内是否留有较多的建筑垃圾？ 是□否□

53．水池等是否有渗漏现象？ 是□否□

54．厨柜柜身有无变形，壁柜门是否牢固周正，门能否顺利开合？ 是□否□

九、水电暖气

55．上下管是否有渗漏？（打开水龙头，查看各个管道）是□否□

56．是否有足够的水压？（打开水龙头，尽可能让水流大一点，然后查水表）是□否□

57．自来水水质是否符合标准？（注意区分市政水和小区自供水）是□否□

58．供水管的材质？（目前大部分供水管采用铜管，可安全使用50年，并可净化管内水质）是□否□

59．电闸机电表在户外的，拉闸后户内是否完全断电？（主要是查看电闸能否控制各个电源）是□否□

60．户内有分闸的、拉闸后，分支线路是否完全断电？ 是□否□

61．各个开关、插座是否牢固？（别忘打开电话、电视的线路接口，用力拉一拉，看是否虚设）是□否□

62．是否市政供电？（每度临时电要比市政供电高0.2元，而且还没有保障）是□否□

63．试一下全部开关、插座及总电闸有无问题？ 是□否□

64．所有灯是否能亮？所有插座是否有电？（使用试电笔或小型即插型电器）是□否□

65．暖气支管是否有坡度？（供水支管连接进水的那端应高于连接散热器的那端）是□否□

66．供暖管道是否有套管？（起作用是防止供暖管道热胀冷缩后拱裂墙面和楼板）是□否□

67．水暖室内温度？（冬季室内温度应高于16℃，不得低于14℃）是□否□

68．燃气是否已经开通？ 是□否□

69．煤气、热水器开关位置是否妥当？ 是□否□

十、管线

70．燃气管线是否穿过居室？（如穿过居室易有安全隐患，且不符合设计规范）是□否□

71. 居室、客厅有否各种管线外露？是□否□

72. 将房门关闭，在房间外制造较大噪声，看隔声效果是否满意？是□否□

73. 和对买卖合同上注明的设施、设备等是否有遗漏，品牌、数量是否符合？是□否□

某项目精装修住宅一房一验检查表   表5-11

GT-R-GC-008   房号：   No：（ ）

序号	项目	检查内容和要求	检查方法	检查情况	整改回复
1	进户门	表面不得有明显的损伤（碰瘪）、擦伤、划伤；无明显划痕、裂缝，油漆均匀、平滑、无明显色差；户门平整，门与门框间隙大小合理，门框与墙面无间隙，关闭后不晃动；配件齐全、门锁、暗插销无锈蚀，开启灵活	观察；用手摸进户门表面；将进户门关闭，在电梯厅内通过多个角度观察门与门框的间隙，如果有漏光，则表明间隙过大；用手轻晃进户门，如有晃动感或门框与墙接缝处出现裂缝即为不合格；对门锁、插销等进行操作，检查是否灵活、有无锈蚀，从室内轻摇晃门锁与门连接牢固；通过猫眼观察电梯厅和户内，检查猫眼是否正常；关闭户门后，用手推进户门，如有明显晃动，即为不合格		
2	阳台门	表面不得有明显的损伤（碰瘪）、擦伤、划伤；门锁和门把手灵活，无锈蚀和明显划痕；门框平整，无明显划痕、残胶，无明显色差，关闭后不漏光、漏水；玻璃无裂缝，无明显划伤、疵点、气泡、残胶；密封胶以及橡胶压条不断开、脱开，接缝规范、合理；铝合金压条接缝规范、合理；附件齐全	观察；操作门锁和门把手，从室内轻摇晃门锁与门连接牢固；阳台门进行开关操作，操作时没有明显的阻滞感，如有则应建议开发商进行调试；阳台门关闭后，观察门与门框的接缝处，检查是否翘曲不平；用手摸门框、压条，检查是否有划痕、压条是否断开，接缝是否合理		
3	固定窗	表面不得有明显的损伤（碰瘪）、擦伤、划伤；窗框平整，无明显划痕和残胶，无明显色差；玻璃无裂缝，无明显划伤、疵点、气泡；密封胶以及橡胶压条不断开、脱开，接缝规范、合理；铝合金压条接缝规范、合理；窗框边缘有渗水现象；外窗台斜度为外低内高	观察；用手摸门框、压条，检查是否有划痕、压条是否断开，接缝是否合理；单指轻击玻璃，无轻微晃动现象。如观察认为窗户的水平度、垂直度等有问题，可用钢卷尺检查		
4	活动窗	除包括固定窗的标准和检查项目外，还包括：开启自如，窗把手灵活无锈蚀、无明显划痕，附件齐全。装配连接处不应有外溢胶粘剂。推拉窗的滑槽内不得积水。推拉窗应有防止脱轨跌落的保险挡块	对活动窗进行开关操作，判断其是否过紧或过松；对防滑快等配件逐一进行检查		
5	电器插座	安装水平、牢固，完好无损，相位正确、表面无水泥、抹灰	单指轻击检查盖板，盖板应无晃动并紧贴墙面；用验电器检查每个插座，是否满足"左地右火"的规定，地线连接是否正常		

续表

序号	项目	检查内容和要求	检查方法	检查情况	整改回复
6	有线电视插座	a）外观验收，安装水平、牢固、完好无损、表面无水泥、抹灰； b）信号测试，＞75dB	a）单指轻击检查盖板，盖板应无晃动并紧贴墙面； b）使用信号测试仪		
7	电话网络插座	a）外观验收，安装水平、牢固、完好无损、表面无水泥、抹灰； b）信号测试，万用表测试电话直流48V（非脉冲电压），网线测试仪测试4组灯亮	a）单指轻击检查盖板，盖板应无晃动并紧贴墙面； b）电话使用万用表，网络使用网线测试仪		
8	开关	安装水平、牢固，完好无损，控制正确、表面无水泥、抹灰	单指轻击检查盖板，盖板应无晃动并紧贴墙面；进行开关操作，检验控制是否正确		
9	防水开关、防水插座	除满足普通开关、插座的要求和检查方法外，还应检查防水面罩是否完好，并对防水面罩进行开关操作			
10	灯	灯具无松动，打开开关后能正常照明			
11	阳台照明灯具	灯具无松动，灯罩完好，无明显污渍；照明正常	打开灯具检查电源接通是否正常，灯具发光是否正常		
12	室内配电箱	安装牢固，配件齐全，空气开关符合型号规定；箱盖完好无损坏；固定螺丝牢固，不锈蚀。开关能正常使用，线接头不松动，无焦痕，电线铜线无外露，标识完整	对空气开关进行一次操作；轻触固定螺丝不晃动		
13	室内可视对讲机	安装牢固，配件齐全，表面无明显的损伤（碰瘪）、擦伤、划伤，通话清楚，液晶显示清楚	观察；进行可视对讲操作 a）对讲主机与单元门口机、园区门口机、监控中心通话及图像呼叫显示、开门监视操作； b）户内防灾系统撤布防和各传感器检测操作及与监控中心信息双向传输操作测试； c）园区、单元门开启门操作1～3次		
14	窗台	外墙涂料不脱落，起皮；窗台内高外低，泛水正常，无向室内倒流缺陷	以下两个检查方法可二选其一： a）从天台或顶层房间窗户自上而下均匀浇水，停止浇水后半小时逐间检查每个窗（墙面）是否有水渗入； b）查询天气预报，在验收期间出现下雨的日期前，先将所有窗门关紧，雨后逐间检查墙面和窗台有无泛水		
15	阳台	a）瓷砖地面和墙面：粘贴牢固，无缺棱掉角；表面无裂纹、损伤、色泽一致，对缝线顺直，对缝砂浆饱满，线条顺直； b）护栏：无明显色差、划痕； c）阳台护栏玻璃：安装牢固，无明显气泡、划痕，表面无残胶，中间的玻璃胶顺直、严密无气泡、空隙	a）目视观察； b）用抹布擦去表面灰尘，进行检查； c）目视观察，并力推玻璃，无晃动		

序号	项目	检查内容和要求	检查方法	检查情况	整改回复
16	顶棚	抹灰面平整，面层涂料均匀，无漏刷，无脱皮；无裂纹，无霉点，无渗水痕迹，无污渍	观察。观察顶棚是否弓凸、变色与渗漏水渍，是否漏刷，用小手槌轻扣检查空鼓		
17	给排水	a）阳台、厨房、卫生间地面有坡度，并向地漏方向倾斜，无倒泛水，水桶接水后向阳台、厨房、卫生间地面倒水，观察水流是否流向地漏，如果有积水、倒泛水即为不合格； b）给水系统管道完好，无渗漏水，无锈迹；管道接头无渗水；打开每个水龙头看流水是否畅通，安装的阀门型号、规格和位置应符合设计要求，管材五金件或阀门之间连接牢固、紧密，便于使用及维修，接头是否漏水；检查水表读数运转是否正常，并抄下水表读数，次日，检查水表读数，看是否渗水；目视外观完好无损，镜面无损伤； c）检查排水管道是否安装牢固，外观完好无损，配件齐全，管道安装应横平竖直，铺设管卡固定牢固，坡度符合要求（>5°），从楼上的各个排水口用水桶灌水（包括地漏），排水畅通；地漏过滤箅安装稳固，管缝密实，无渗漏水，无堵塞，排水畅通；利用养水试验和灌水试验观察阳台、厨房、卫生间的顶棚，看是否有渗水现象； d）卫生器具质量良好，水龙头应是瓷芯，接口不得渗漏，安装应平正、牢固、部件齐全、制动灵活			
18	阳台护栏玻璃	目视观察，无明显气泡、划痕，表面无残胶，中间的玻璃胶顺直、严密无气泡、空隙。并力推玻璃，安装牢固，无晃动			
19	护栏（阳台与室内窗）	用抹布擦去表面灰尘，无明显色差，划痕；用力推护栏，无晃动，牢固无脱焊			
20	墙纸	平整、无气泡，接缝<0.5mm，花纹拼接自然、无明显错位，转角与上下结合无撕裂、无空鼓、切痕整齐（检查方法：目视观察，用手面刷墙纸，无弓凸，未有异声，无灰尘）			
21	户内信息箱	a）数据模块：户外弱电井找出进户数据线，接好检测仪的发射仪，在户内对模块上每个点使用检测仪的接收器检测，全部点有信息完好，否则为不良品；在模块上接上户内各房间线路，在各房间使用检测仪的接收器检测，全部点有信息完好，否则线路或插座故障； b）语音模块：同样采用数据模块方式进行检测； c）有线电视：户外弱电井找出进户射频线，接好信号发射仪，在户内对模块上每个点使用万用表的检测直流信号，全部点有信息完好，否则为不良品；在模块上接上户内各房间线路，在各房间使用万用表检测，全部点有信息完好，否则线路或插板故障； d）接警模块：该模块为业主接警使用，数据、语音段：按数据模块检测法；射频段：按有线电视检测法			
22	地板	a）表面油漆参照油漆基本要求操作，无变色；地板拼接：接缝大小均匀，平整无起翘，墙角边接缝由踢脚线全面覆盖，结合面缝隙均匀； b）检查地板松动：脚踏每块地板，未有松动感及产生异声；检查地垄松动：分几块区域，站在中间跳跃几下，未有松动感及产生异声； c）踢脚线上接墙纸、下压地板，接口与压缝均匀，无露墙体及<5mm缝隙；表面油漆参照油漆基本要求操作，无变色；检查松动：手压，未有松动感及产生异声			

续表

序号	项目	检查内容和要求	检查方法	检查情况	整改回复
23	电地热板	a）绝缘检查：摇表一根表棒接地热开关下接线端，另一表棒接地，测量电阻>200kΩ； b）热源检查：开启地热电源约3min，用手感受地热地坪，各区域发热温度基本均匀			
24	热水地热板	a）试压试验：采用空压机设定4kg压力，一头接入空压机，另一头封闭，进行空压加压测试，达到平衡后压力无变动； b）热水加压测试：接入热水，进行循环，进行热水加压测试一周，检查地面和下层顶板无渗漏点； c）分水器接口检查：在热水加压测试中，对户内分水器各管接口进行检查，无渗漏和管道变形；开关不同房间启动按钮，分水器对应管道阀门开启			
25	户内新风	a）噪声检查：开启新风机10min，听新风机转速均匀，无异声，房门关闭房内无声音； b）进风检查：在房间新风口上用一张纸感受有风向外吹动； c）滤网检查：检查新风机检修口是否有，并检查是否对维修和拆洗滤网操作方便；检查新风机是否有滤网及滤网清洁程度			
26	户内中央空调	a）噪声检查：开启房间空调20min，听室外机转速均匀，无异声，房门关闭房内仅风声、无杂声； b）进风检查：检查进风百叶是否有滤网，拆洗方便；拆下进风百叶，进风管与百叶、出风管和百叶接口良好，无松动和漏气，铁风管保温良好；在房间出风口上用一张纸感受有风向外吹动，测温仪测量出风温度达到80%以上的设定温度； c）冷凝水出水检查：检查空调检修口是否有，并检查是否对维修操作方便；检查各空调管道（包括冷凝水管）保温必须良好，外表无挂冷凝水珠；在空调冷凝水托盘加水，未在托盘积水			
27	户内紧急报警按钮	a）按钮面板按开关内容检查； b）按钮按下及复位正常； c）按下按钮，消防监控中心或相关部门接警中心显示信号、地址正确			

注：打√表示完好，打×表示有缺陷，整改回复栏写其他问题。

检查人：　　　　　　　　　　　　　　　　　　整改确认人：

日期：　年　月　日　　　　　　　　　　　　　日期：　年　月　日

室内环境（空气）检测 6

本章要点

本章主要介绍室内污染源分类、性质和危害，室内环境检测目的、任务与要求，室内环境质量控制标准。在此基础上，着重介绍甲醛、苯、氨、氡和总挥发性有机物（TVOC）等五种污染物检测方法、相关仪器与操作要点。最后，是某住宅室内环境检测任务委托承接、检测流程、数据记录、报告撰写等实务训练。

知识目标

掌握室内环境主要污染源；熟悉室内环境主要污染物检测方法；熟悉污染物检测仪器操作；了解室内环境该控制标准。

能力目标

能操作室内环境检测常规仪器；能进行室内环境质量检测布点；能简单撰写检测报告。

【引例】

根据中国室内环境监测中心提供的数据，我国每年由室内空气污染引起的超额死亡数可达11.1万人，超额门诊数可达22万人次，超额急诊数可达430万人次。专家调查后发现，居室装饰使用含有有害物质的材料会加剧室内的污染程度，这些污染对儿童和妇女的影响更大。有关统计显示，我国每年因上呼吸道感染而致死亡的儿童约有210万，其中100多万儿童的死因直接或间接与室内空气污染有关，特别是一些新建和新装修的幼儿园和家庭室内环境污染十分严重。北京、广州、深圳、哈尔滨等大城市白血病患儿都有增加趋势，而住在过度装修过的房间里是其中重要原因之一。

一份由北京儿童医院的调查显示，在该院接诊的白血病患儿中有部分患儿家庭在半年内曾经装修过。专家据此推测，室内装修材料中的有害物质可能是小儿白血病的一个重要诱因。

6.1　概述

人的一生中，至少有80%以上的时间是在室内环境中度过，仅有低于5%的时间在室外，而其余时间则处于两者之间。而一些行动不便的人、老人、婴儿等则可能有高达95%的时间在室内生活。故室内环境质量与人体健康关系密切。

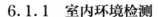

6.1.1 室内环境检测

1．概念

室内检测是以室内环境为对象，运用物理、化学和生物等技术手段，对其中的污染物及其有关的组成成分进行定性、定量和系统的综合分析，以探索研究其质量的变化规律。室内检测是运用现代科学技术方法以间断或连续的形式定量地测定环境因子及其他有害于人体健康的室内环境污染物的浓度变化，观察并分析其环境影响过程与程度的科学活动。

2．任务

室内环境检测任务是要对室内环境样品中的污染物的组成进行鉴定和测试，并研究在一定时期和一定空间内的室内环境质量的性质、组成和结构，主要内容包括空气、噪声、废水废气等，其中包含甲醛、苯、氨、总挥发性有机物。

3．目的与要求

室内环境检测的目的是为了及时、准确、全面地反映室内环境质量现状及发展趋势，并为室内环境管理、污染源控制、室内环境规划、室内环境评价提供科学依据。

（1）根据室内环境质量标准，评价室内环境质量；

（2）根据污染物的浓度分布、发展趋势和速度，追踪污染源，为实施室内环境检测和控制污染提供科学依据；

（3）根据检测资料，为研究室内环境容量，实施总量控制、预测预报室内环境质量提供科学依据；

（4）为制定、修订室内环境标准、室内环境法律和法规提供科学依据；

（5）为室内环境科学研究提供科学依据。

室内环境检测的要求主要有以下五个方面：

（1）代表性：采样时间、采样地点及采样方法等必须符合有关规定，使采集的样品能够反映整体的真实情况。

（2）完整性：主要强调检测计划的实施应当完整，即必须按计划保证采样数量和测定数据的完整性、系统性和连续性。

（3）可比性：要求实验室之间或同一实验室对同一样品的测定结果相互可比。

（4）准确性：测定值与真实值的符合程度。

（5）精密性：测定值有良好的重复性和再现性。

4．室内空气检测

室内空气质量检测是针对室内装饰装修、家具添置引起的室内空气污染物超标情况，进行的分析、化验的技术过程，根据检测结果值，出具国家认可（CMA）、具有法律效力的检测报告。

6.1.2 室内环境污染源

室内空气污染主要来源于各种装饰材料及家具，如：胶合板、细木工板等人造板材；涂料、有机溶剂、建筑材料和生活及办公用品以及其他各类装饰材料。例如，贴墙布、贴墙纸、化纤地毯、泡沫塑料、油漆、香烟、油墨、复印机、打印机等。其中室内装饰材料及家具的污染是造成室内空气污染的主要方面。室内空气的污染物主要是甲醛、苯、甲苯、二甲苯、氨和TVOC等。

国家卫生、建设和环保部门曾经进行过一次室内装饰材料抽样调查结果：发现具有毒气污染的材料占68%，这些装饰材料会挥发出300多种挥发性的有机化合物。其中甲醛、氨、苯、甲苯、二甲苯、挥发性有机物以及放射性气体氡等，人体接触后，可以引起头痛、恶心、呕吐、抽搐、呼吸困难等，反复接触可以引起过敏反应，如哮喘、过敏性鼻炎和皮炎等，长期接触则能导致癌症（肺癌、白血病）或导致流产、胎儿畸形和生长发育迟缓等（图6-1）。

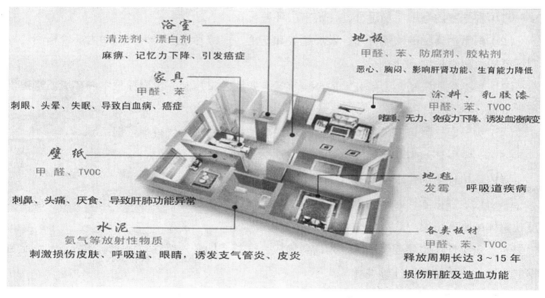

图6-1 室内环境污染物及危害[①]

1. 甲醛

甲醛，化学式$HCHO$或CH_2O，分子量30.03，又称蚁醛。无色，对人眼、鼻等有刺激作用。气体相对密度1.067（空气=1），液体密度0.815g/cm³（-20℃）。熔点-92℃，沸点-19.5℃。易溶于水和乙醇。水溶液的浓度最高可达55%，通常是40%，称作甲醛水，俗称

---

① 数据来源：百度图片。

福尔马林（formalin），是有刺激气味的无色液体。

甲醛的主要危害表现为对皮肤黏膜的刺激作用。甲醛在室内达到一定浓度时，人就有不适感。浓度大于0.08mg/m³的甲醛浓度可引起眼红、眼痒、咽喉不适或疼痛、声音嘶哑、喷嚏、胸闷、气喘、皮炎等。长期、接触低浓度甲醛会引起头痛、头晕、乏力、感觉障碍、免疫力降低，并可能会出现瞌睡、记忆力减退或神经衰弱、精神抑郁的问题。2017年10月27日，世界卫生组织国际癌症研究机构公布的致癌物清单，甲醛在一类致癌物列表中。

新装修的房间甲醛含量较高，是众多疾病的主要诱因。各种人造板材（刨花板、纤维板、胶合板等）中由于使用了胶粘剂，因而可含有甲醛。甲醛主要来源于夹板、大芯板、中密度板和刨花板等人造板材及其制造的家具，塑料壁纸、地毯等大量使用胶粘剂的环节。

【案例6-1】陈先生请装饰公司进行装修，工程竣工入住后，感觉室内气味刺鼻，致人咽痛咳嗽、辣眼流泪，无法居住。而且陈先生的咽疾因此加剧，他请室内环境检测单位对其住所进行检测，结果是卧室中甲醛含量高达1.56mg/m³，超过国家标准15.6倍。

2. 苯类化合物（苯、甲苯、二甲苯）

苯类化合物属芳香烃，易挥发，气味芳香。室内装修用的涂料、木器漆、胶粘剂及各种有机溶剂里含有苯类化合物，包括毒性较大的纯苯（C_6H_6）和甲苯（$C_6H_5CH_2$），还包括毒性稍弱的二甲苯（$C_6H_4CH_2CH_2$）。

国际卫生组织已经把苯定为强烈致癌物质，苯可以引起白血病和再生障碍性贫血也被医学界公认。人在短时间内吸入高浓度的甲苯或二甲苯，会出现中枢神经麻醉的症状，轻者头晕、恶心，慢性苯中毒会对皮肤、眼睛和上呼吸道有刺激作用，长期吸入苯能导致再生障碍性贫血，若造血功能完全破坏，可发生致命的颗粒性白细胞消失症，并引起白血病。

苯及苯化合物主要来自于纤维、油漆、各种油漆涂料的添加剂和稀释剂、各种溶剂型胶粘剂、防水材料等。

2001年，中国消费者协会组织在北京和杭州两地对部分装修后的室内环境状况进行了入室测试，结果发现半数样本存在苯污染，占样本总数的43.3%。

【案例6-2】李女士订购了一套布艺沙发，沙发表面看没有发现质量问题，结果放在房间里时间不长，就发现沙发里散发出一股难闻的气味。从此，李女士一进房间就感到呼吸困难，喘气憋气，甚至晚上睡觉都会被憋醒，几天下来她添了心跳过速的毛病，一分钟跳到100多下，可奇怪的是，一到医院心跳就降到了80下。室内环境检测中心为其住所进行了空气质量检测，结果发现沙发海绵使用的粘结剂中，苯系物的挥发量超过国家相关标准的8.3倍。

3. 总挥发性有机物TVOC

室内空气品质的研究人员通常把他们采样分析的所有室内有机气态物质称为TVOC，VOC是挥发性有机物Volatile Organic Compounds三个词第一个字母的缩写，各种被测量的VOC被总称为总挥发性有机物TVOC（Total Volatile Organic Compounds）。根据世界卫生组织（WHO）的定义，VOCs是在常温下，沸点50～260℃的各种有机化合物。在我国，VOCs是指常温下饱和蒸汽压大于70Pa、常压下沸点在260℃以下的有机化合物，或在20℃条件下，蒸汽压不小于10Pa且具有挥发性的全部有机化合物。

TVOC是三种室内空气污染源中影响较为严重的一种。在常温下可以蒸发的形式存在于空气中，它的毒性、刺激性、致癌性和特殊的气味性，会影响皮肤和黏膜，对人体产生急性损害。世界卫生组织（WHO）、美国国家科学院/国家研究理事会（NAS/NRC）等机构一直强调TVOC是一类重要的空气污染物。美国环境署（EPA）对VOC的定义是：除了一氧化碳、二氧化碳、碳酸、金属碳化物、碳酸盐以及碳酸铵外，任何参与大气中光化学反应的含碳化合物。

室内TVOC主要来自燃煤和天然气等燃烧产物、吸烟、采暖和烹调等的烟雾，建筑和装饰材料、家具、家用电器、汽车内饰件生产、清洁剂和人体本身的排放等。住宅中TVOC主要来源于溶剂型涂料、溶剂型胶粘剂、汽车尾气、装修、家具、壁纸、化纤地毯、玩具、煤气热水器、杀虫喷雾剂、清洁剂、香水、化妆品、抽烟、厨房油烟等。据国家卫生、建设、环保等有关部门联合进行的一次家庭装饰材料抽样检查发现，有毒气体污染的材料占68%，而这些材料中含有挥发性有机化合物竟达30种，这些材料使用后会对室内空气造成严重的污染。

【案例6-3】某项目有两位业主反映房间有异味，而且人们感到头晕、恶心，白天不敢关窗，如晚上关闭睡觉，早晨起来后口鼻十分难受。后来有关单位对房间进行了检测，发现房间空气中的TVOC浓度高出国家环保部门出具的参考标准，其中一户室内空气中TVOC最高含量超过国家规定的公共场所卫生标准10多倍。

除此之外，建造过程中人为地在混凝土里添加高碱混凝土膨胀剂和含尿素的混凝土防冻剂等外加剂，以防止混凝土在冬期施工时被冻裂，加快施工进度。这些含有大量氨类物质的外加剂在墙体中随着湿度、温度等环境因素的变化而还原成氨气从墙体中缓慢释放出来，造成室内空气中氨浓度的大量增加。同时室内空气中的氨也可来自室内装饰材料。例如，家具涂饰时使用添加剂和增白剂大部分都用氨水。

另外放射性污染在家庭装修中容易被忽视，其源于天然石材，名叫"氡"。室内空气中氡主要来源于：①建筑材料（主要是石材、水泥、煤渣，尤其是红色和绿色花岗岩）中析出的氡；②底层土壤和岩石中析出的氡；③由于通风从户外空气中进入室内的氡；④供水及用于取暖和厨房设备的天然气中释放出的氡。氡是地壳中放射性铀、镭和钍的蜕变产物，当这些短寿命放射性核素变时，释放出的α粒子对内照射损伤最大，可使呼吸系统上皮细胞受到辐射。长期的体内照射可能引起局部组织损伤，甚至诱发肺癌和支气管癌等，它被列为19种致癌物质之一。

6.1.3 室内环境（空气）控制标准

民用建筑工程根据控制室内环境污染的不同要求，划分为以下两类：

Ⅰ类民用建筑工程：住宅、医院、老年建筑、幼儿园、学校教室等民用建筑工程；

Ⅱ类民用建筑工程：办公楼、商店、旅馆、文化娱乐场所、书店、图书馆、展览馆、体育馆、公共交通等候室、餐厅、理发店等民用建筑工程。

按照国家颁布的《住宅设计规范》GB 50096—2011规定：住宅室内空气污染物的活度和浓度应符合表6-1规定。

住宅室内空气污染物限值　　　　　表6-1

污染物名称	活度、浓度限值
氡	≤200（Bq/m³）
游离甲醛	≤0.08（mg/m³）
苯	≤0.09（mg/m³）
氨	≤0.2（mg/m³）
TVOC	≤0.5（mg/m³）

2001年11月26日，建设部颁布了《民用建筑工程室内环境污染控制规范》GB 50325—2001，分别对新建、扩建和改建的民用建筑在建筑和装修材料的选择、工程勘察设计、工程施工中有害物质的限量值提出了具体要求，并提出验收时必须进行室内环境污染物浓度检测。2001年12月起，国家质检总局陆续颁布了GB 18580～18588及GB 6566—2010等10项室内装饰装修材料中有害物质限量标准。2002年11月19日，国家质检总局、卫生部、国家环保总局联合发布了《室内空气质量标准》GB/T 18883—2002。2010年8月18日，住房和城乡建设部发布了《民用建筑工程室内环境污染控制标准》GB 50325—2020，原《民用建筑工程室内环境污染控制规范（2013版）》GB 50325—2010同时废止。

这些标准或规范的颁布对控制室内空气污染，保护人体健康具有重要的意义，详见表6-2。

室内环境（空气）质量控制标准　　　　　表6-2

标准名称	《民用建筑工程室内环境污染控制标准》GB 50325—2020	《室内空气质量标准》GB/T 18883—2002
发布单位	中华人民共和国住房和城乡建设部	国家质量监督检验检疫总局 卫生部 国家环境环保总局
发布实施日期	2020-01-16发布 2020-08-01实施	2002-11-19发布 2003-03-01实施
标准性质	强制性标准	推荐性标准
适用范围	适用于新建、扩建和改建的民用建筑工程室内环境污染控制	适用于住宅和办公建筑物，其他室内环境可参照本标准执行
检测污染物	甲醛、甲苯、二甲苯、氡、氨、苯和总挥发性有机物TVOC等7种物质	温度、湿度、二氧化硫、二氧化氮、臭氧和氡等19种物质

续表

标准名称	《民用建筑工程室内环境污染控制标准》GB 50325—2020	《室内空气质量标准》GB/T 18883—2002
常规检测项	甲醛、苯、氨、TVOC、甲苯、二甲苯、氡	甲醛、苯、甲苯、二甲苯、总挥发性有机物TVOC
采样时间	工程完工不少于7d后，工程交付使用前	工程完工至少7d以后
采样条件	民用建筑，甲醛、苯、甲苯、二甲苯、氨和TVOC 1h后开始采样；测氡要求关闭门窗24h后开始采样	自然通风后，关闭门窗12h后开始采样

6.1.4　民用建筑工程室内环境污染控制规范

1．抽样方法及要求

抽检数量不得少于5%，有样板间且检测结果合格的，抽检数量减半，并不得少于3间，详见表6-3。

室内抽样要求　　　　　　　　　　　　　　　　　　　　　　　　　　　　　　　　表6-3

房间使用面积（m²）	检测点数（个）
<50	1
≥50，<100	2
≥100，<500	不少于3
≥500，<1000	不少于5
≥1000，<3000	不少于6
≥3000	每1000m²不少于3

2．检测点分布

现场检测点应距内墙面不小于0.5m、距楼地面高度0.8～1.5m。检测点应均匀分布，避开通风道和通风口（图6-2）。相关采样器如图6-3所示。

3．检测结果要求

（1）检测结果不合格时，应查找原因并采取措施进行处理。

（2）对不合格项进行复检，抽检量应增加1倍，并应包含同类型房间及原不合格房间。再次检测结果全部符合时，应判定为合格。

（3）室内环境质量验收不合格的民用建筑工程，严禁投入使用。

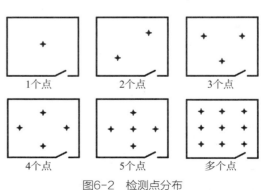

图6-2　检测点分布

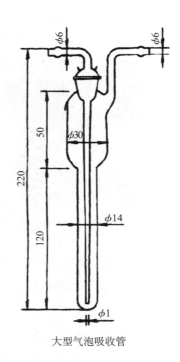

大型气泡吸收管

图6-3 采样器

6.2 仪器设备

6.2.1 检测设备类别

申请从事室内空气质量检测的仪器设备应满足所申请的检测项目要求。主要分为：

（1）采样设备：气体污染物采样泵、气泡吸收管、多孔玻板吸收管、颗粒物采样器、滤膜、流量计、撞击式空气微生物采样器等。

（2）现场测试仪器：温度计、湿度计、风速计、便携式一氧化碳分析仪、便携式二氧化碳分析仪等。

（3）实验室分析仪器和设备：分析天平、分光光度计、气相色谱仪、液相色谱仪、热解吸/气相色谱/质谱联用仪、高压蒸汽灭菌器、干热灭菌器、恒温培养箱、冰箱、氡分析仪。

6.2.2 甲醛、氡、氨、苯及TVOC的检测

1. JC-5八合一室内空气检测仪

JC-5八合一室内空气检测仪是利用电解传感器原理检测污染气体、光散射原理检测粉尘，并结合国际上成熟的电子技术和网络通信技术的室内空气综合检测仪器，可同时检测室内空气中的甲醛、苯、氨、甲苯、二甲苯、TVOC、温度和湿度等（图6-4）。

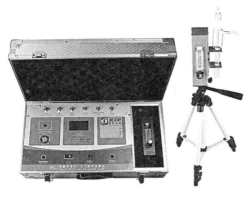

图6-4　空气检测仪

图6-5　甲醛检测仪

2．甲醛检测：XP-308Ⅱ型甲醛检测仪（图6-5）

维护保养及注意事项

（1）测量结束时，请不要直接按power键关机，应放在室外洁净空气中净化5min。

（2）每次检测结束请取出过滤片，装在密封袋中放入冰箱冷藏保存，否则会缩短过滤片的使用寿命，同时会造成过滤片的移动杆不能正常移动。

（3）当过滤片使用80次，需更换新的过滤片。

（4）不要将仪器置于高温、高湿度的场所。

3．氡浓度检测：FD-216环境测氡仪

FD-216环境测氡仪（图6-6）以闪烁室法为基础，用气泵将含氡的气体吸入闪烁室，氡

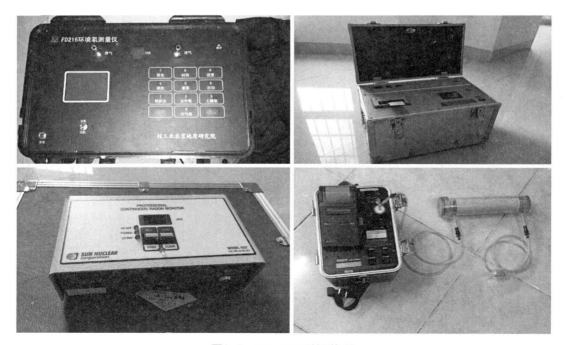

图6-6　FD-216环境测氡仪

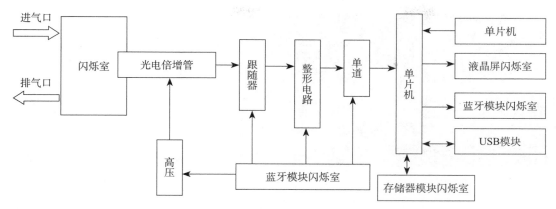

图6-7　工作原理框架图

及其子体发射的α粒子使闪烁室内的ZnS（Ag）涂层发光，光电倍增管再把这种光信号变成电脉冲。由单片机构成的控制及测量电路，把探测器输出的电脉冲整形，进行定时计数。单位时间内的脉冲数与氡浓度成正比，从而确定空气中氡的浓度。其工作原理如图6-7所示。

氡检测仪还有RAD17、RAD7等测氡仪（图6-8），空气中氡浓度的检测所选用方法的测量结果不确定度不应大于25%，方法的探测下限不应大于10Bq/m³。

操作方法：

（1）将干燥管接在"INLET"的接口上。

（2）打开开关，按下"MENU"，显示"TEST"，按"ENTER"并按下"→"，待显示"test start"，再按"ENTER"泵启动，开始测试。

图6-8　氡检测仪

（3）工作30min后，显示氡的浓度。

仪器保养与维护：

（1）仪器使用前须在进气口处接上干燥管，当干燥管变色时请及时更换新的干燥管。

（2）使用时保护好仪器的操作面板，防止泥土和雨水等进入，以免造成仪器的损坏和操作键失灵。

（3）在高温、高湿度的场所请不要使用。

（4）检测完后将仪器放在室外洁净的空气中净化5min。

（5）当电压低于6V时，请及时充电。

4．氨浓度的检测

空气中氨的检测原理主要为靛酚蓝分光光度法，即空气中氨吸收在稀硫酸中，在硝普纳及次氯酸钠存在下，与水杨酸生成蓝绿色的靛粉蓝染料，根据颜色深浅，比色定量（图6-9）。

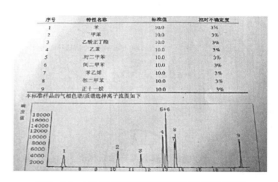

图6-9 分光光度法　　　　　图6-11 TVOC标准系列组分出峰顺序图

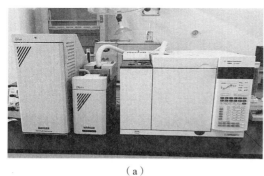

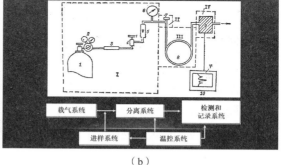

（a）　　　　　　　　　　（b）

图6-10 检测仪器及原理

（a）气相色谱仪；（b）检测原理示意图

5. 空气中苯浓度的检测

空气中苯浓度的测定依据GB 50325—2010附录G的规定，利用气相色谱法。空气中苯用活性炭管采集，然后经热解吸，用气相色谱法分析，以保留时间定性，峰面积定量（图6-10）。

6. 空气中TVOC浓度的检测

与苯相似，TVOC检测一般采用热解吸直接进样的气相色谱法。将吸附管置于热解吸直接进样装置中，经温度范围为280～300℃充分解吸后，使解吸气体直接由进样阀快速进入气象色谱仪进行色谱分析，以保留时间定型、以峰面积定量。每个浓度重复2次，取峰面积的平均值。同时，取一个未采样的吸附管，按样品管同样操作，测定空白管的平均峰面积。用热解吸气象色谱法分析吸附管标准系列时，应以各组分的含量（μg）为横坐标，以峰面积为纵坐标，分别绘制标准曲线，并计算回归方程（图6-11）。

6.3 室内环境（空气）检测基本程序和步骤

6.3.1 检测需求确定

（1）精装修住宅交付或住宅装修入住前检测。

（2）住宅入住后业主有下列症状应检测：

1）起床综合征。起床时感到憋闷、恶心、甚至头晕目眩。

2）心动过速综合征。新买家具后家里气味难闻，使人难以接受，常常心跳加快，并引发身体疾病。

3）类烟民综合征。虽然不吸烟，也很少接触吸烟环境，但是经常感到嗓子不舒服，有异物感，呼吸不畅。

4）幼童综合征。家里小孩常咳嗽、打喷嚏、免疫力下降，孩子不愿意回新家。

5）群发性皮肤病综合征。家人常有皮肤过敏等毛病，而且是群发性的。

6）家庭群发疾病综合征。家人共有一种疾病，而且离开这个环境后，症状就有明显变化和好转。

7）不孕综合征。新婚夫妇长时间不怀孕，查不出原因。

8）胎儿畸形综合征。孕妇在正常怀孕情况下发现胎儿畸形。

9）植物枯萎综合征。新搬家或者新装修后，室内植物不易成活，叶子容易发黄、枯萎，即使是一些生命力最强的植物也难以正常生长。

6.3.2 检测标准确定

前已述及，室内空气检测标准主要有《民用建筑工程室内环境污染控制标准》GB 50325—2020和《室内空气质量标准》GB/T 18883—2002，其中《民用建筑工程室内环境污染控制标准》GB 50325—2020是国家强制性标准，必须强制执行；《室内空气质量标准》GB/T 18883—2002是国家推荐性标准，是非强制的法律法规，只有合同双方当事人在协议中约定要求达到标准时才具有强制性作用。

消费者在装修完工后，按《民用建筑工程室内环境污染控制标准》GB 50325—2020进行检测；室内软装饰完成或入住一段时间后，应以《室内空气质量标准》GB/T 18883—2002进行室内空气质量检测。

6.3.3 检测时间点确定

（1）按规范标准规定，民用建筑工程应在装修工程完工至少七天以后、工程使用前进行。

（2）建议家庭装修住宅在装修工程完工后一个月以后、全部家具完全到位一星期以后进行检测，这期间应保证充足的通风，以利于有害物质的散发，使检测结果更接近于实际使用时的状况。

（3）对采用自然通风的民用建筑工程，检测采样应在对外门窗关闭1h后进行。当发生争议时，对外门窗关闭时间以1h为准。

（4）对准备入住或已经入住的装修家庭，根据《室内空气质量标准》GB/T 18883—2002规定进行封闭，即检测采样时门窗关闭时间：12～20h，其检测结果会更接近真实情况。

6.3.4 检测污染物确定

（1）根据《民用建筑工程室内环境污染控制标准》GB 50325—2020，一般个人住宅检验七项，即氡、甲醛、苯、甲苯、二甲苯、氨、总挥发性有机物 TVOC。

（2）根据《室内空气质量标准》GB/T 18883—2002标准，一般个人住宅检验六项，即甲醛、苯、总挥发性有机物 TVOC、甲苯、二甲苯、氨。

6.3.5 检测数确定

根据《民用建筑工程室内环境污染控制标准》GB 50325—2020，民用建筑工程验收时，应重点注意：

（1）抽检每个建筑单体有代表性的房间室内环境污染物浓度，氡、甲醛、苯、甲苯、二甲苯、氨、TVOC的抽检量不得少于房间总数的5%，每个建筑单体不得少于3间，当房间数少于3间时，应全数检测。

（2）幼儿园、学校教室、学生宿舍、老年人照料房屋设施室内装饰装修验收时，室内空气中氡、甲醛、苯、甲苯、二甲苯、氨、TVOC的抽检量不得少于房间总数的50%，且不得少于20间。当房间总数少于20间时，应全部检测。

6.3.6 检测点确定

（1）根据规范标准，一般房间使用面积<50m²时，检测点数设置1个；使用面积≥50m²且<100m²时，检测点数设置2个；房间使用面积≥100m²且<500m²时，检测点数设置不少于3个，房间使用面积≥500m²且<1000m²时，检测点数设置不少于5个。

如以某套140m²三室两厅一卫一厨住宅为例，一般设置4个检测点，即：

1）三个房间各设置1个检测点。

2）若为不分隔客厅与餐厅户型（目前大多如此设计），则客厅与餐厅共同设置1个检测点，若分隔，客厅设置1个，餐厅面积较小不单独设置，建议检测时餐厅门打开。

3）同理，厨房、卫生间不设检测点，建议检测时将厨房门和卫生间门打开，将它们的面积计入与之相连的房间或客厅面积；

若面积较大的三室两厅、超过200m²大户型、排屋和别墅等其他套型的住房根据标准结合实际情况而定。

（2）当房间内有2个及以上检测点时，应取各点检测结果的平均值作为该房间的检测值。

（3）民用建筑工程验收时，环境污染物浓度现场检测点应距内墙面不小于0.5m、距楼地面高度0.8～1.5m。检测点应均匀分布，避开通风道和通风口。

6.3.7 检测采样与检验

（1）采样准备：所有采样仪器需进行流量校正；采样点选择应具有代表性和合理性，如住宅应选择卧室或停留时间长的房间。

（2）采样时间：每个检测点采样耗时约25min，3个检测点采样耗时约75min，4个检测点耗时约100min。

（3）采样检测过程

1）现场需清理干净，不能堆放残余的涂料、油漆、板材；

2）每个房间的门尽量相互关闭，不要保持通风；

3）不得进行影响采样测试结果的活动，如吸烟和用燃气灶等；

4）不得使用化工产品，如空气清新剂、香水等；

5）控制检测人员数量，减少人员活动对检测的影响。

（4）数据记录：现场实验记录应完整，数据清晰，单位准确。

6.3.8 出具检测报告

（1）按规范要求撰写室内环境检测报告，出具的检测报告需有CMA计量认证专用章；

（2）自取样之日始，第5个工作日左右提供CMA报告，如客户确有需要，可提前约一天电话告知检测结果。

6.4 操作训练

6.4.1 室内环境（空气）检测操作流程（图6-12）

6.4.2 操作指导（表6-4、表6-5）

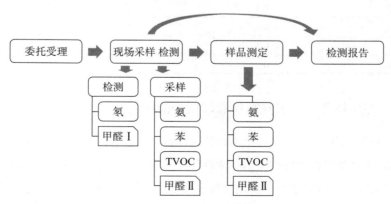

图6-12 室内环境检测操作流程

室内环境检测要点 表6-4

项目	要求
布点	检测点数设置按照《民用建筑工程室内环境污染控制标准》GB 50325—2020 6.0.15条设置
	检测点放置要求：当房间内有2个及以上检测点时，采用对角线、斜线、梅花状均衡布点，避开通风道和通风口。检测点应距内墙面不小于0.5m，距地面高度0.8~1.5m
	氡、甲醛、氨、苯、甲苯、二甲苯、TVOC检测房间封闭要求：对采用自然通风的民用建筑工程，采样应在房间对外门窗关闭1h后进行；采用集中通风的民用建筑工程，采样则应在通风系统正常运行条件下进行。装饰装修工程中完成的固定式家具，采样时应保持正常使用状态
设备及材料	恒流采样器：检定/校准周期内，流量应稳定可调，流量范围应包含0.5L/min，并且当流量0.5L/min时，应能克服5~10kPa的阻力，采样系统流量的相对偏差小于±5%
	温湿度计：检定周期内，温度显示应能精确到小数点后1位（℃）
	大气压力计：检定周期内，气压显示能精确到小数点后1位（kPa）
	大型气泡吸收管：出气口内径为1mm，不得破损，出气口至管底距离等于或小于5mm
设备及材料	活性炭吸附管：该管为内装100mg椰子壳活性炭吸附剂的玻璃管或内壁光滑的不锈钢管。使用前活化至无杂峰。当流量为0.5L/min时，阻力应为5~10kPa。吸附管两端应配有专用密封帽，保持良好的气密性
	Tenax-TA吸附管：吸附管可为玻璃管或内壁光滑的不锈钢管，管内装有200mg粒径为0.18~0.25mm（60~80目）的Tenax-TA吸附剂。使用前活化至无杂峰。当流量为0.5L/min时，阻力应为5~10kPa。吸附管两端应配有专用密封帽或专用的套管，保持良好的气密性
样品采集	采样前按要求设置好采样流量及时间（体积），对采样系统进行气密性检查。采样过程中注意观察采样器的各项参数，如有故障应立即处理
	采样时记录环境条件：气温记录到小数点后1位，单位℃；气压记录到小数点后1位，单位kPa；湿度记录到整数，单位%
	采样后记录采样流量、时间（体积），现场采样体积和换算后的标准状态体积，均保留到小数点后1位，单位L
	每个样品管应有清晰、不易脱落的唯一性标识。标识内容应符合质量程序文件的要求，可包括采样日期和时间、点位编号、测定项目等
	采集室外本底值，选择室外上风向处，建议多采1~2根

样品采集保存要求 表6-5

污染物名称	采样流量（L/min）	采样体积（L）	保存期限
甲醛	0.5	10	24h
氨	0.5	5	24h
苯	0.5	10	5d
TVOC	0.5	10	14d

6.4.3 操作任务——甲醛简易取样仪器检测测定

（1）测定标准：《民用建筑工程室内环境污染控制标准》GB 50325—2020

参考：《建筑室内空气污染简便取样仪器检测方法》JG/T 498—2016

（2）条文说明：按规范要求，民用建筑工程室内空气中甲醛检测，可采用简易取样仪器检测方法（例如电化学分析方法、简易采样仪器比色分析方法、被动采样仪器分析方法等），这里所说的"不确定度应小于20%"指仪器的测定值与标准值（标准气体定值或标准方法测定值）相比较，总不确定度≤20%。

（3）现场采样（图6-13）

（4）结果确定：将各检测点仪器测定值扣除室外空气测定值（本底）后的结果作为各检测点的最终检测结果。

（5）撰写检测报告

（6）报告出具

6.4.4　室内环境（空气）检测资料

（1）采样时委托方资料提供样表（表6-6）

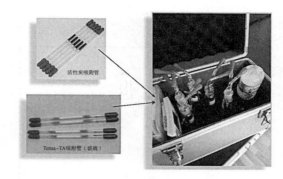

图6-13　现场采样

委托方资料提供一览表　　　　　　　　　　　　表6-6

工程名称	
工程地址	
建设单位	
设计单位	
勘察单位	
施工单位	
监理单位	
建筑面积	
结构形式	
竣工日期	
见证人	

（2）检测方工程状况登记样表（表6-7）

××检测有限公司

工程状况登记表　　　　　　　　　　　　表6-7

共　页　第　页

工程名称				
工程编号			登记日期	
被检测房间状况登记				
检测点	受检时封闭状况	是否已经使用	室内物品摆放情况	其他可能影响检测结果的现场状况

登记人：　　　　　　　　　　　　　　见证人：

（3）检测报告样本

检 测 报 告

统一编号：_____
工程名称：_____
委托单位：_____
检测类别：_____

×× 工程检测有限公司

声 明

1. 委托单位应在委托书中说明检验目的，凡属质量事故调查、工程验收及鉴定类检验均需有我单位按特定规范抽样检查、检测，否则不可作为公正性依据。
2. 检验报告无检验专用章和骑缝章无效。
3. 本检验报告涂改无效。
4. 本检验报告未经许可不得用于商业宣传。
5. 本检验报告复印无效。
6. 本检验报告（包括封面）共四页。
7. 对本检验报告若有异议，请在 15 日内向检验单位以书面形式提出。

联系方式：
地址：
邮编：
电话：
传真：

检测项目	标准限量	检测结果				结论
甲醛 (mg/m³)	≤ 0.12					合格
氡 (Bq/m³)	≤ 400					合格
氨 (mg/m³)	≤ 0.5					合格
苯 (mg/m³)	≤ 0.09					合格
TVOC (mg/m³)	≤ 0.6					合格

工程名称		建筑面积	m²
委托单位		检测类别	委托检验
工程地址		竣工日期	
结构类型		采样时间	
检测依据	《民用建筑工程室内环境污染控制标准》GB 50325—2020		
检测项目	甲醛、氡、苯、甲苯、二甲苯、氨、TVOC		
检测方法	《民用建筑工程室内环境污染控制标准》GB 50325—2020 《公共场所卫生检验方法 第 2 部分：化学污染物》GB / T 18204.2—2014 《居住区大气中苯、甲苯和二甲苯卫生检验标准方法气相色谱法》GB 11737—1989 《室内空气中总挥发性有机化合物（TVOC）的测定》GB 50325—2020 附录 G		
检测结论	签发日期： 年 月 日		

批准： 审核： 检测：

老旧房屋监测、改造和加固 7

本章介绍老旧房屋危险等级鉴定标准，房屋检测与监测区别，老旧房屋主要质量问题、监测流程、方法与仪器设备的使用以及危房加固改造技术。随着"互联网+"发展，互联网技术正逐步应用于房屋的智慧检测与监测，本章有针对性地介绍了房屋监测APP的功能与使用。

知识目标

掌握老旧房屋监测方法与常用仪器使用；熟悉老旧房屋几种加固方法；熟悉老旧房屋危险等级鉴定标准；了解互联网在房屋检测与监测中的应用。

能力目标

能进行老旧房屋监测布点与记录；能进行老旧房屋监测数据处理；能简要撰写老旧房屋监测报告。

【引例】

2016年3月29日，奉化市住房管理和保障中心与人保财险奉化市支公司正式签订创新型"保险+服务"模式的城镇居民住房综合保险合同，保险房屋共1459幢，总面积321.62万m²。根据合同约定，保险公司在承担城镇居民住房保险、临时安置费用保险、公众责任保险责任的同时，还要委托第三方专业监测机构为保险标的房屋提供安全动态监测服务。2016年4月底，第三方专业监测机构在动态监测过程中发现锦屏街道居敬路4幢和6幢两栋居民楼存在倾斜值、裂缝值明显变化的情况，奉化市安排楼内60户居民连夜紧急搬离。2016年5月，人保财险宁波市分公司在收集有关理赔资料后，向奉化市锦屏街道居敬路两栋居民楼共60户居民家庭支付了城镇住房综合保险的临时安置费用赔款39.2万元，这是自2015年6月城镇住房综合保险在宁波落地以来的首笔赔款。

7.1 老旧房屋监测

7.1.1 房屋检测与监测

房屋检测是指对既有房屋的结构状况或性能所进行的检查、测量和检验等工作。是具有各城市住房保障机构颁发的房屋质量检测鉴定证书的第三方房屋检测单位，通过检测仪器如钢筋扫描仪、水准仪、经纬仪、混凝土回弹仪对房屋现场进行检测，测得房屋沉降倾斜值、钢筋有无锈蚀强度、混凝土强度及现场房屋的开裂情况等，搜集房屋图纸资料及比对国家规范进行评判，判定房屋是否安全。

房屋监测则指的是对房屋外立面进行布点来监测房屋的沉降倾斜变形情况，通过定期的进行监测查看房屋是否发生下沉、倾斜等质量问题。

房屋检测需要进行取样，主要有对房屋基础使用的沉降检测和砌体结构构件的损伤检测。而房屋监测是房屋质量检测之一，是对若干承重点，打入监测钉，然后每周派遣相关的有资质的监测人员去检查楼体当前变化状况。若发生不均匀沉降时需进行安全性检测评估，分析房屋有无存在安全隐患。上述引例就是通过房屋动态监测发现倾斜值、裂缝值明显变化判断房屋安全问题的。

7.1.2 老旧房屋

老旧小区是对建设年代较长、外观陈旧、配套设施缺乏的住宅区的统称。2007年建设部《关于开展旧住宅区整治改造的指导意见》中界定：旧住宅区是指房屋年久失修、配套设施缺损、环境脏乱差的住宅区。这是我国建设行业最高行政主管部门对老旧小区的正式定义。基于此指导意见，各地结合城市建设，提出了具体的界定依据。如北京市，根据《北京市人们政府关于印发北京市老旧小区综合整治工作实施意见的通知》对老旧小区范围进行界定：将1990年（含）以前建成的、建设标准不高、设施设备落后、功能配套不全无长效管理机制或1990年后建成却存在上述问题的住宅区统称为老旧小区。而上海，从20世纪90年代到2010年，上海老旧小区改造对象均为二级以下旧式里弄，这些老旧房屋大部分房龄在50年以上，建造标准低、结构简单、年久失修，房屋严重老化，危房比例高。天津市将老旧小区界定为中心城区未实施综合提升改造的3幢以上，建造年代较早，房屋与配套设施设备老化，影响居民正常使用的公产房、私产房、早期建成且无人管理的商品房和宗教、军队等产权房。杭州则将1999年以前建成的成套住宅房屋且未开展专业化物业管理的小区归为老旧小区范畴。

根据2015年调研的相关资料，我国2000年以前建成的老旧住区共有159412个，4212.953万户，建筑面积约为40亿m²，存在各类影响居民生活的问题小区101382个，占比63.6%[1]，涉及居民4231万户。如宁波市截至1999年，11个县（市、区）城镇实有老旧房屋5376万m²，市区海曙、江东、江北、镇海、北仑共有房屋2506万m²，住宅1548万m²[2]。

7.1.3 老旧房屋监测

建造于20世纪70～90年代的房屋，大多采用砌体结构，其施工简单、技术成熟、造价低廉，但存在建筑墙体易开裂、结构变形等技术问题，从而导致房屋变形因素的多元性和不定性。这些老旧房屋经过长期使用，常常出现建筑材料老化，地基沉降受损，承重构件

---

① 数据来源：浙江省住房与城乡建设厅。
② 数据来源：2019年《城市发展与规划大会》资料。

人为破坏等一系列情况，房屋使用安全隐患很大，甚至出现塌楼事件，严重威胁住户财产生命安全。

2016年2月26日，住房和城乡建设部办公厅下发《关于开展全国城市老旧建筑安全排查整治工作的通知》（建办质电〔2016〕8号），要求在全国开展城市老旧建筑安全排查整治工作，重点对建筑年代较长、建设标准较低、失修失养严重以及违法违章建筑进行全面排查，同时加强对既有建筑的安全管理。

目前，老旧房屋安全问题的监测与整治主要有以下三种方案，详见表7-1。动态监测参考标准详见表7-2。

老旧房屋安全问题常见方案　　　　　　　　　　　表7-1

解决方案	服务商	服务内容	不足
保险	保险公司	城镇居民住房险、公众责任保险	事后补偿，没有事前预防
动态巡检	检测鉴定单位	派人员定期上门巡查	成本高、无法监督（人员到场、仪器安装、数据采集）；不能实时掌握动态；无法及时预警
保险加巡检	保险公司（加检测鉴定单位）	城镇居民住房险、公众责任保险；派人员定期上门巡查	成本高、无法监督（人员到场、仪器安装、数据采集）；不能实时掌握动态；无法及时预警

老旧房屋安全动态监测标准　　　　　　　　　　　表7-2

标准号	名称	主要内容
GB/T 50344—2019	建筑结构检测技术标准	共9章15个附录，建筑结构检测要求、程序，检测项目和方法，抽样方案和检测结果评定标准
JGJ 8—2016	建筑变形测量规范	共9章2个附录，建筑地基、基础、上部结构、场地及周边环境的变形测量方法、仪器、数据处理和基准点布设等规范
GB 50007—2011	建筑地基基础设计规范	共10章23个附录，地基基础设计应做到安全适用、技术先进、经济合理、确保质量、保护环境，提出了检测与监测的要求
JGJ 125—2016	危险房屋鉴定标准	共7章，既有房屋概念，房屋结构危险性调查、检测与等级评定的标准
GB 50026—2007	工程测量规范	共10章7个附录，变形监测仪器、方法和误差精度、数据处理与变形分析等规范要求

7.1.4　监测仪器设备

1. 沉降在线监测仪器——静力水准仪

静力水准仪是一种高精密液位测量仪器，用于测量基础和建筑物各个测点的相对沉降。其使用原理：多个静力水准仪的测压强腔体通过通液管串联连接至液位容器，由高精度硅晶芯体传感器测量，通过RS485信号传输到信号采集系统，通过压力监测过程的信号变化传输至信号采集系统，通过分析计算，随压力测量的变化而同步变化，由此测出各测点的压力变化量而分析地表的相对沉降高度（图7-1）。

图7-1 静力水准仪

2. 倾斜人工监测仪器——全站仪

全站仪，即全站型电子速测仪（Electronic Total Station），是一种集光、机、电为一体的高技术测量仪器，是集水平角、垂直角、距离（斜距、平距）、高差测量功能于一体的测绘仪器系统。因其一次安置仪器就可完成该测站上全部测量工作，所以称之为全站仪。广泛用于地上大型建筑和地下隧道施工等精密工程测量或变形监测领域（图7-2）。

3. 裂缝在线监测仪器——裂缝监测传感器

裂缝监测传感器可采用振弦式测缝计、应变式裂缝计或光纤类位移计。应变传感器用来测量结构体在静荷载作用下产生的微应变，通过直接测量物体某个标长范围（如标距150mm）内的微小长度变化来测应变，因此应变传感器相当于是一个测微小位移电子装置（它的位移分辨率为0.015μm，相当于电子式十万分表）。原理类似通过千分表测量标长范围内的长度变化（图7-3）。

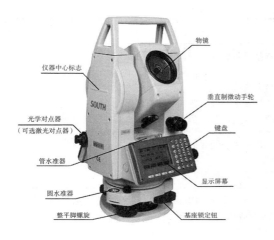

图7-2 全站仪

图7-3 裂缝监测传感器

7.2　老旧房屋危险等级鉴定

据统计，截至2015年我国建筑面积约为650亿m²，其中20世纪80年代以前建成的房屋约有46.7亿m²，这些房屋已进入维修期，需要进行安全鉴定，以便实施维护和加固，延长其使用寿命。

7.2.1　危险房屋

危险房屋（简称"危房"）是指房屋结构体系中存在承重构件被评定为危险构件，导致局部或整体不能满足安全使用要求的房屋。即承重构件已属危险构件，结构丧失稳定和承载能力，随时有倒塌可能，不能确保住用安全的房屋。危险构件是指承载能力、连接构造等性能及裂缝、变形、腐蚀或蛀蚀等损伤指标不能满足安全使用要求的结构构件。危险点则是指房屋结构体系中评定为危险构件的结构构件。

危险房屋分整幢危房和局部危房，其中，整幢危房是指随时有整幢倒塌可能的房屋，局部危房是指随时有局部倒塌可能的房屋。

危险房屋以幢为鉴定单位，以建筑面积平方米为计量单位。其中，整幢危房以整幢房屋的建筑面积平方米计数，局部危房以危及倒塌部分房屋的建筑面积平方米计数。

7.2.2　危险房屋鉴定

《危险房屋鉴定标准》是2000年由重庆市土地房屋管理局主编，中华人民共和国建设部批准，2000年3月1日开始实施的标准。2016年7月，住房和城乡建设部批准《危险房屋鉴定标准》为行业标准，编号为JGJ 125—2016，自2016年12月1日起实施。其中，第5.3.2、5.4.2、5.5.2、5.6.2、6.2.2、6.2.3条为强制性条文（详见表7-3），必须严格执行。原《危险房屋鉴定标准》JGJ 125—1999（2004版）同时废止。

《危险房屋鉴定标准》强制性条文　　　　　　　　　　　　　　　　表7-3

目录名称	条文内容
5.3.2 砌体结构构件检查	1. 查明不同类型构件的构造连接部位状况； 2. 查明纵横墙交接处的斜向或竖向裂缝状况； 3. 查明承重墙体的变形、裂缝和拆改状况； 4. 查明拱脚裂缝和位移状况，以及圈梁和构造柱的完损情况； 5. 确定裂缝宽度、长度、深度、走向、数量及分布，并应观测裂缝的发展趋势
5.4.2 混凝土结构构件检查	1. 查明墙、柱、梁、板及屋架的受力裂缝和钢筋锈蚀状况； 2. 查明柱根和柱顶的裂缝状况； 3. 查明屋架倾斜以及支撑系统的稳定性情况
5.5.2 木结构构件检查	1. 查明腐朽、虫蛀、木材缺陷、节点连接、构造缺陷、下挠变形及偏心失稳情况； 2. 查明木屋架端节点受剪面裂缝状况； 3. 查明屋架的平面外变形及屋盖支撑系统稳定性情况

目录名称	条文内容
5.6.2 钢结构构件检查	1. 查明各连接节点的焊缝、螺栓、铆钉状况； 2. 查明钢柱与梁的连接形式以及支撑杆件、柱脚与基础连接部位的损坏情况； 3. 查明钢屋架杆件弯曲、截面扭曲、节点板弯折状况和钢屋架挠度、侧向倾斜等偏差状况
6.2.2 综合评定	在地基、基础、上部结构构件危险性呈关联状态时，应联系结构的关联性判定其影响范围
6.2.3 危险性等级鉴定	1. 在第一阶段地基危险性鉴定中，当地基评定为危险状态时，应将房屋评定为D级； 2. 当地基评定为非危险状态时，应在第二阶段鉴定中，综合评定房屋基础及上部结构（含地下室）的状况后作出判断

房屋危险性鉴定应根据被鉴定房屋的结构形式和构造特点，按其危险程度和影响范围进行鉴定。房屋危险性鉴定等级按危险程度分为A、B、C、D四个等级，详见表7-4。

房屋危险鉴定等级 表7-4

鉴定等级	鉴定结果	鉴定标准
A级	非危险房	无危险构件，房屋结构能满足安全使用要求
B级	危险点房	个别结构构件评定为危险构件，但不影响主体结构安全，基本能满足安全使用要求
C级	局部危险房	部分承重结构不能满足安全使用要求，房屋局部处于危险状态，构成局部危房
D级	整幢危险房	承重结构已不能满足安全使用要求，房屋整体处于危险状态，构成整幢危房

7.2.3 危险房屋鉴定报告

房屋危险鉴定报告是由鉴定机构出具的房屋安全等级报告，主要有以下内容：

（1）房屋的建筑、结构概况以及使用历史、维修情况等；

（2）鉴定目的、内容、范围、依据及日期；

（3）调查、检测、分析过程及结果；

（4）评定等级或评定结果；

（5）鉴定结论及建议；

（6）相关附件。

7.3 老旧房屋加固改造

房屋结构经长期使用耐久性受到影响，随着时间的推移，结构的性能将会发生改变，使用寿命也会受到影响。为保证结构的正常使用或延续使用期限，需进行维修加固。在欧美发达国家，构筑物维修加固费用已超过新建工程的投资。如美国21世纪初用于旧建筑物维修和加固上的投资已占到建设总投资约60%，英国这一数字为75%，而德国则达到80%。

1949年后，我国经过了两个建设高潮期。第一个高潮期是20世纪50年代，第二个高潮期是20世纪80～90年代，由于历史原因，建筑设计、施工水准低，质量差。许多房屋现已呈现老化和严重损伤，急需进行维修加固，也有一大批房屋需要改变结构功能或加（插）层改造。如仅杭州市辖的萧山区、余杭区和富阳区，分别有超过1200幢、1000幢和1300幢需要被列入动态监测及治理的房屋。

7.3.1　改造加固内容分类

1．根据引起建筑物加固改造的原因分类

（1）功能改变的加固改造

包括：调整、改善房屋使用功能或目的，扩大使用面积，建筑物的增层改造等。

（2）工程质量事故造成的损坏加固

包括：设计原因、施工原因及其他原因引起建筑工程质量事故所造成损坏的加固。

（3）使用不当造成的损坏及结构老化引起的加固

包括：建筑物因日常使用不当或有意无意的人为破坏所导致的损坏加固，如装修不合理，随便拆除、破坏墙体或承重结构等；建筑物因时间流逝导致结构老化所造成的使用性能下降、破损或技术落后无法满足继续使用要求等所导致的加固。

（4）灾害和有害环境所导致的建筑物损害的加固

包括：自然灾害，如地震、台风、暴雨、雪灾、水灾、泥石流、滑坡、地面坍塌、不均匀下沉及地面裂缝等；社会灾害，如战争、动乱等对建筑物的损害；其他灾害和有害环境，如海洋气候与环境对沿海建筑的损害，振动或高温高湿环境，火灾工业厂房的酸碱及有害介质侵蚀破坏等。

2．根据房屋加固改造的位置分类

（1）整体加固改造；

（2）局部加固改造，包括地基基础加固，梁、柱、板加固，墙体及墙面加固以及屋架加固等。

7.3.2　加固改造技术与方法

1．加固改造工程特点

（1）加固工程是针对已建的工程，受客观条件所约束，对具体现存条件进行加固设计与施工；

（2）加固工程往往在不停产或尽量少停产的条件下施工，要求施工速度快、工期短；

（3）施工现场狭窄、拥挤，常受生产设备、管道和原有结构、构件的制约，大型施工机械难以发挥作用；

（4）施工往往对原有的结构、构件有不良影响；

（5）施工常分段、分期进行，还会因各种干扰而中断；

（6）清理、拆除工作量往往较大，工程较繁琐复杂，并常常存在许多不安全因素；

（7）设计包括原结构的验算和加固结构设计计算，要求考虑新、旧结构强度、刚度、使用寿命的均衡以及新、旧结构的协调工作。

2．加固改造原则

（1）先鉴定后加固的原则；

（2）结构体系总体效应原则；

（3）加固方案的优化原则；

（4）尽量利用的原则；

（5）与抗震设防结合的原则；

（6）材料的选用和取值原则；

（7）荷载取值原则；

（8）承载力验算原则；

（9）其他原则。

测量钢筋保护层

3．加固方法

（1）增大截面加固法

增大截面加固法是采取增大混凝土结构或构筑物的截面面积，以提高其承载力和满足正常使用的一种加固方法。可广泛用于混凝土结构的梁、板、柱等构件和一般构筑物的加固。

增大截面加固法是传统方法，作业经验丰富，工艺简单，适用面广。但存在现场湿作业工作量大，养护期长，对结构外观和房屋净空有影响等缺点，并需解决新加部分与原有部分的整体工作共同受力问题（图7-4）。

（2）外包钢加固法

外包钢加固法是在混凝土构件四周包以型钢的加固方法（分干式、湿式两种形式）。适用于使用上不允许增大混凝土截面尺寸，而又需要大幅度地提高承载力的混凝土结构的加固。当

图7-4　增大截面加固法

采用化学灌浆外包钢加固时，型钢表面温度不应高于60℃；当环境具有腐蚀性介质时，应有可靠的防护措施。此法施工技术要求较高，外露钢件需进行防腐防火处理（图7-5）。

图7-5　外包钢加固法　　　　　　　　　　　　　　　砖柱包钢

（3）粘贴碳纤维加固法

粘贴碳纤维加固法是一项新型的应用外粘高性能复合材料加固结构的技术，即在混凝土构件外部粘贴碳纤维片材，以提高其承载力和满足正常使用的一种加固方法。适用于承受静力作用的一般受弯、受拉构件，也可用于柱的抗震加固。此法不增加荷载及断面尺寸，可适应不同形状构件，成形方便，施工简便、速度快，对原结构无损伤，但长期使用环境温度不应高于60℃（图7-6）。

图7-6　粘贴碳纤维加固法　　　　　　　　　　碳纤维加墙体钢筋网

（4）外部粘钢加固法

外部粘钢加固法是在混凝土构件外部粘贴钢板，以提高其承载力和满足正常使用的一种加固方法。适用于承受静力作用的一般受弯、受拉构件；且环境温度不大于60℃，相对湿度不大于70%，以及无化学腐蚀影响，否则应采取防护措施。此法施工简便、快速，原构件自重增加较小，不改变结构外形，不影响建筑使用空间（图7-7）。

（5）改变结构传力途径加固法

改变结构传力途径加固法主要可分为两种：①增设支点法：该法是以减小结构的计算跨度和变形，提高其承载力的加固方法。按支承结构的受力性能分为刚性支点和弹性支点两

图7-7　外部粘钢加固法

种。②托梁拔柱法：该法是在不拆或少拆上部结构的情况下拆除、更换、接长柱子的一种加固方法。按其施工方法的不同可分为有支撑托梁拔柱、无支撑托梁拔柱及双托梁反牛腿托梁拔柱等方案，适用于要求厂房使用功能改变、增大空间的老厂改造的结构加固。

（6）预应力加固法

预应力加固法是采用外加预应力的钢拉杆（分水平拉杆、下撑式拉杆和组合式拉杆三种）或撑杆，对结构进行加固的方法。适用于要求提高承载力、刚度和抗裂性及加固后占用空间小的混凝土承重结构。此法不宜用于处在温度高于60℃环境下的混凝土结构，否则应进行防护处理；也不适用于混凝土收缩徐变大的混凝土结构。

7.4　老旧房屋监测操作训练

7.4.1　仪器监测

（1）常用仪器认识。

（2）水准仪、全站仪操作。

（3）变形观测规范学习。

7.4.2　人工巡查工作内容

（1）获取信息：组织房屋安全鉴定专家与甲方沟通获取房屋结构类型、层数、位置等相关信息。获取并分析房屋以往鉴定、排查报告，初步了解房屋以往存在的主要问题。

（2）动态监测：对存在结构安全隐患的危旧房屋进行深化查勘、检查分析，布置监测点，持续观测危险状态，定期出具监测报告并提出处理建议。通过安全动态监测，掌握房屋使用安全状态变化，指导甲方或业主开展应急处理，防范出现严重事故。

（3）房屋信息登记：将现场了解的房屋信息录入巡查系统，包括房屋位置、结构类型、层数、用途、建造年代等。

（4）数据分析：结合现有国家规范对房屋采集数据进行分析。

（5）现状分析与建议：根据房屋内外部信息和监测结果，综合分析总结房屋现状，结合规范提出合理性意见。

7.4.3 操作训练

1. 任务一：人工巡检

（1）巡：外观巡视，房屋目测观察，周边走访，询问业主及物业管理人员或街道，了解房屋以下信息，并填写表7-5。

人工外观巡视记录表

表7-5

序号	观察点	要求	记录
1	相邻建筑物	与相邻的附属建筑物是否有异常情况	
2	砌体查看	观察砌筑砂浆强度、饱和度、砌块强度及墙体粉刷风化情况，初步判断墙体强度及使用情况	
3	混凝土老化	观察混凝土是否有变形、崩裂现象，钢筋是否锈蚀	
4	建筑外立面	楼梯间墙体是否新增开洞（如水表箱、电表箱等）；外墙（除楼梯间外）是否新增破墙开洞（如另开门窗洞等）。若有，新增洞口位置、尺寸	
5	周边	房屋周边环境是否有影响安全使用的变化或后期改造等	
6	房屋实体	房屋主体机构或部分构件是否发生变形；屋面是否存在漏水现象；木结构是否存在虫蛀、腐蚀等情况；房屋出现的其他异常情况	
7	装修情况	1. 检查上下楼梯之间的装修比对，了解装修是否有改变原结构体系的情况； 2. 卫生间是否有加高情况，墙体是否有位移情况，多孔板开孔情况等	
8	房屋使用	1. 是否改变使用用途； 2. 是否出租，是否有增加墙体违规分隔多个房间等情况	

（2）检：即检测，在外观巡视基础上，结合专业仪器设备检测，通过数据精准有效地了解房屋相关信息，详见表7-6。

房屋安全检测记录表

表7-6

序号	观察点	操作要求	记录点
1	房屋裂缝	观察房屋裂缝情况，标注重点观察对象，仪器测量裂缝宽度及长度	裂缝宽度： 裂缝长度：
2	房屋倾斜	测量房屋四角倾斜度，采集基础数据与规范对比，判断房屋现有倾斜情况	倾斜度： 倾斜情况：
3	房屋沉降	根据国家规范要求设置房屋外墙沉降观测点，进行闭合水准网精密测量	沉降观测点： 沉降度：
4	砖和砂浆强度检测	运用砖砂浆回弹仪抽样检测房屋砖和砂浆强度	砖： 砂浆：

（3）房屋人工巡检流程（图7-8）

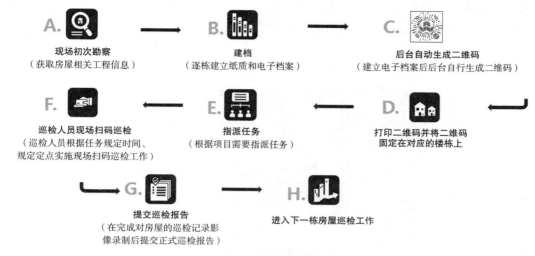

图7-8 人工巡检流程示意图

2．任务二：某2层砌体结构办公楼危险性鉴定

（1）项目概况

某2层砌体结构办公楼，位于山坡上，建筑面积约为220m²，始建于2003年。承重墙下基础采用钢筋混凝土条形基础，除外墙与东西向内纵墙厚为370mm外，其余墙厚均为240mm。1、2层平面布置见图7-9，各层层高为3.0m。楼（屋）面采用钢筋混凝土现浇板，板厚均为100mm。楼梯间两侧较大房间用砖砌筑的隔墙分割，隔墙上方设有钢筋混凝土梁，梁截面250mm（宽）×350mm（高）。

经过一定时间的使用，该楼部分梁与墙体出现的裂缝或损伤，构件裂缝、变形、损伤及承载力验算情况见表7-7。为了解房屋的危险程度，请房屋安全鉴定机构依据《危险房屋鉴定标准》JGJ 125—2016，对该办公楼进行危险性鉴定。

构件裂缝、变形、损伤及承载力验算情况　　　　　　　　　表7-7

地基	因地基变形引起1层1-A-B轴墙存在1条斜裂缝，裂缝宽为2.50mm
基础	除A-2-3轴基础承载力与其作用效应之比为0.88外，其余基础的承载力均大于作用效应
上部结构	1）构件承载力验算 1层2/B-1-2轴梁上荷载引起的最大弯矩为21kN·m，梁能承担的弯矩为18kN·m；其余构件的承载力均大于作用效应。 2）裂缝分布情况 1层2/B-3-4轴梁的3轴端头有剪切斜裂缝，缝宽0.45mm；1层1-A-B轴墙有1条裂缝宽为0.50mm的竖向裂缝。 3）变形、损伤情况 1层4-A-B轴墙有侧弯变形，中间最大变形量19mm；1层A-2-3轴墙风化和剥落现象，削弱后的墙厚为300mm
围护墙	2层2/B-1-2轴隔墙有侧弯变形，中间最大变形量19mm；2层2/B-3-4轴-B轴隔墙有侧弯变形，中间最大变形量17mm

结合上述材料，请根据《危险房屋鉴定标准》JGJ 125—2016的相关要求，进行房屋危险性鉴定，并且出具正式的房屋安全鉴定报告（本材料没有给出的信息，在报告中用"××××"表示，写明核心计算和综合评定过程）。

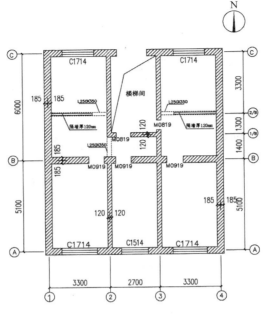

1、2层平面布置图（单位：mm）

图7-9　项目平面布置图

（2）监测鉴定报告撰写

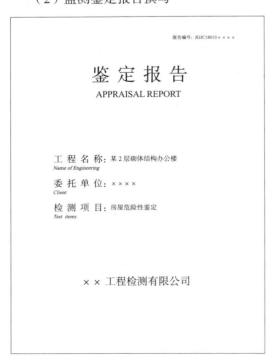

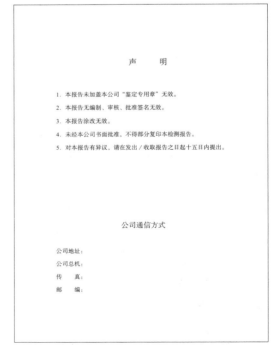

委托编号：JG18××××　　　　　　　　　报告编号：JGJC18010××××

××工程检测有限公司鉴定报告

委托单位（Client）	××××		
地址（ADD）	××××	电话（Tel）	××××
工程名称（Name of Engineering）	某2层砌体结构办公楼		
工程地点（Place of Engineering）		工程编号（No. of Engineering）	××××
项目（Item）	房屋危险性	日期（Date）	××××年××月××日
仪器（Instruments）	测距仪（CJY/JG16005）、卷尺（JC/JG12056）、相机等		
检测检验内容（Inspection Contents）	结构体系、外观质量、上部承重结构危险性		
结论（Conclusion）			

一、检测结论

1）基础A–2–3轴承载力与其作用效应之比为0.88，超过现行标准不小于0.90的限值，为危险构件。

2）1层2/B–1–2轴梁上荷载引起的最大弯矩为21kN·m，梁能承担的弯矩为18kN·m；（$\phi R/r_0 S=1.0×18/1.0×21=0.86<0.90$）；一层2/B–3–4轴梁的3轴端头有剪切斜裂缝，缝宽0.45mm；1层A–2–3轴墙风化和剥落现象，削弱后的墙为300mm，{（370–300）/370=0.19>15%的限值}，以上问题均构成危险点。

3）2层2/B–1–2轴墙有侧弯变形，中间最大变形量19mm，{（3000–350）/150=17.7<19}，构成危险点；因1层A–2–3轴墙为危险构件，故2层A–2–3墙应计为危险构件。

二、鉴定结论

根据《危险房屋鉴定标准》JGJ 125—2016、现场勘测结果及综合鉴定分析，$R=6.80\%$，评定该房屋危险性等级为C级，即部分承重结构不能满足安全使用要求，房屋局部处于危险状态，构成局部危房。

三、建议

建议对该房屋危险点进行加固处理，且应由具备专业资质的单位进行加固设计及施工。

（本页以下无正文）

签字（Signatures）：

批准（Approval）　　审核（Verification）　　　编制（Compilation）

报告日期（Date）：

委托编号：JG18××××　　　　　　　　　报告编号：JGJC18010××××

××工程检测有限公司鉴定报告

1．工程概况

某2层砌体结构办公楼位于××××，位于山坡上，该房屋为两层砌体结构，楼屋面为钢筋混凝土现浇板，南北朝向，建筑面积为220m²，约建于2003年，委托方未提供相关设计、施工资料，设计单位、施工单位、监理单位、勘察单位不详（注：工程信息由委托方提供，如有错误由委托方提出并进行更正），外立面见附件照片1–1。

2．鉴定目的及内容

为了解该房屋的危险性，××××委托浙江××工程检测有限公司对某砌体办公楼进行检测、鉴定。

检测鉴定的内容：结构体系、外观质量、上部承重结构危险性。

3．检测鉴定依据

（1）委托书及委托方提供相关资料和信息；

（2）《危险房屋鉴定标准》JGJ 125—2016。

（本页以下无正文）

委托编号：JG18××××　　　　　　　　　报告编号：JGJC18010××××

××工程检测有限公司鉴定报告

4．房屋危险性分级标准

根据《危险房屋鉴定标准》JGJ 125—2016，房屋危险性鉴定应根据被鉴定房屋的结构形式和构造特点，按其危险程度和影响范围进行鉴定。分级标准如下：

房屋基础及楼层危险性鉴定，应按下列等级划分：

1）A_u级：无危险点；

2）B_u级：有危险点；

3）C_u级：局部危险；

4）D_u级：整体危险。

房屋危险性鉴定，应根据房屋的危险程度按下列等级划分：

1）A级：无危险构件，房屋结构能满足安全使用要求；

2）B级：个别结构构件评定为危险构件，但不影响主体结构安全，基本能满足安全使用要求；

3）C级：部分承重结构不能满足安全使用要求，房屋局部处于危险状态，构成局部危房；

4）D级：承重结构已不能满足安全使用要求，房屋整体处于危险状态，构成整幢危房。

5．现场勘查

5.1 地基

经现场勘察：

1）该房屋为天然地基；

2）该房屋一层1–A–B轴因地基变形引起1条斜裂缝，裂缝宽度为2.50mm，未超过现行标准中条裂缝宽度大于10mm的限值（未发现山坡有滑坡迹象。

5.2 结构体系

该房屋为两层砌体结构，钢筋混凝土现浇楼板，钢筋混凝土现浇板屋面，各层层高为3.0m，除外墙与东西向内纵墙为370mm外，其余墙厚均为240mm，板厚均为100mm。楼梯间两侧较大房间用砖砌筑的隔墙分割，隔墙上方设有钢筋混凝土梁，梁截面250mm（宽）×350mm（高）。建筑结构平面布置示意见附件图1–2。

（本页以下无正文）

委托编号：JG18××××　　　　　　　　　报告编号：JGJC18010××××

××工程检测有限公司鉴定报告

5.3 基础

1）经现场勘察：该房屋为钢筋混凝土条形基础；

2）基础A–2–3轴承载力与其作用效应之比为0.88，超过现行标准不小于0.90的限值，为危险构件。

5.4 上部承重结构及围护结构

（1）一层结构

1）1层2/B–1–2轴梁上荷载引起的最大弯矩为21kN·m，梁能承担的弯矩为18kN·m；（$\phi R/r_0 S=1.0×18/1.0×21=0.86<0.90$），构成危险点。

2）1层2/B–3–4轴梁的3轴端头有剪切斜裂缝，缝宽0.45mm，根据JGJ 125—2016第5.4.3.3条，构成危险点。

3）1层1–A–B轴墙有1条裂缝缝宽0.50mm的竖向裂缝，未超过现行标准1.0mm的限值，未构成危险点。

4）1层4–A–B轴墙有侧弯变形，中间最大变形量19mm，{（3000–100）/150=19.3>19.0），未构成危险点。

5）1层A–2–3轴墙风化和剥落现象，削弱后的墙为300mm，{（370–300）/370=0.19>15%的限值}，构成危险点；同时因基础A–2–3轴为危险构件，也应考虑竖向危险构件的关联影响。

（2）二层结构

因1层A–2–3轴墙构成危险构件，故2层A–2–3轴墙应计为危险构件。

（3）围护结构

1）2层2/B–1–2轴墙有侧弯变形，中间最大变形量19mm，{（3000–350）/150=17.7<19），根据JGJ 125—2016第5.3.3.7条，构成危险点。

2）2层2/B–3–4轴B轴墙有侧弯变形，中间最大变形量17mm，{（3000–350）/150=17.7>17}，根据JGJ 125—2016第5.3.3.7条，未构成危险点。

（本页以下无正文）

委托编号：JG18××××　　　　　　　　　　报告编号：JGJC18010××××

××工程检测有限公司鉴定报告

（6）鉴定分析及结论

6.1 鉴定分析：

1）基础A-2-3轴承载力与其作用效应之比为0.88，超过现行标准不小于0.90的限值，为危险构件。

2）1层2/B-1-2轴梁上荷载引起的最大弯矩为21kN·m，梁能承担的弯矩为18kN·m；（$\phi R / r_0 S = 1.0 \times 18 / 1.0 \times 21 = 0.86 < 0.90$），一层2/B-3-4轴梁的3轴端头有剪切斜裂缝，缝宽0.45mm；1层A-2-3轴墙风化和剥落现象，削弱后的墙为300mm，{（370-300）/370=0.19>15%的限值}，以上问题均构成危险点。

3）2层2/B-1-2轴墙有侧向变形，中间最大变形量19mm，{（3000-350）/150=17.7<19}，构成危险点，因1层A-2-3轴墙为危险构件，故2层A-2-3墙应计为危险构件。

6.2 鉴定结论：

6.2.1 第一阶段危险性等级：

根据本报告第5.1条：该房屋地基处于非危险状态，需进行第二阶段鉴定。

6.2.2 第二阶段组成部分危险性等级：

楼层	组成部分	上部结构									
基础	构件	竖向构件									
	种类	竖向构件									
	危险构件总数	1									
	构件总数	19									
	比例	5.26%									
	楼层危险评定	5.26%									
	评级	Cu									

楼层	组成部分	上部结构									
	构件	竖向构件					横向构件				围护构件
	种类	中柱	边柱	角柱	墙体	屋架	中梁	边梁	次梁	板	
1	危险构件总数	0	0	0	1	0	2	0	0	0	0
	构件总数	0	0	0	19	0	3	0	0	8	2
	比例	0.00%	0.00%	0.00%	5.26%	0.00%	66.67%	0.00%	0.00%	0.00%	0.00%
	楼层危险评定	9.70%									
	评级	Cu									

楼层	组成部分	上部结构									
	构件	竖向构件					横向构件				围护构件
	种类	中柱	边柱	角柱	墙体	屋架	中梁	边梁	次梁	板	
2	危险构件总数	0	0	0	1	0	0	0	0	0	1
	构件总数	0	0	0	19	0	3	0	0	9	2
	比例	0.00%	0.00%	0.00%	5.26%	0.00%	0.00%	0.00%	0.00%	0.00%	50.00%
	楼层危险评定	5.44%									
	评级	Cu									
整体结构综合比例		6.80%									
房屋危险性等级		C									

（本页以下无正文）

委托编号：JG18××××　　　　　　　　　　报告编号：JGJC18010××××

××工程检测有限公司鉴定报告

因$R_f = 1/19 = 5.26\%$，则该房屋基础危险性等级为C_u级：局部危险。

因$R_{s1} = (2.7 \times 1 + 1.9 \times 2)/(2.7 \times 19 + 1.9 \times 3 + 8 + 2) = 9.70\%$，则该房屋一层上部结构危险性等级为$C_u$级：局部危险。

因$R_{s2} = (2.7 \times 1 + 1)/(2.7 \times 19 + 1.9 \times 3 + 9 + 2) = 5.44\%$，则该房屋二层上部结构危险性等级为$C_u$级：局部危险。

6.2.3 房屋整体危险性等级：

$R = \{3.5 \times 1 + 2.7 \times (1+1) + 1.9 \times (2+0) + 0 + 1\} / \{3.5 \times 19 + 2.7 \times (19+19) + 1.9 \times (3+3) + (8+9) + (2+2)\} = 6.80\%$。

根据《危险房屋鉴定标准》JGJ 125—2016、现场勘测结果及综合鉴定分析，R=6.80%，评定该房屋危险性等级为C级，即部分承重结构不能满足安全使用要求，房屋局部处于危险状态，构成局部危房。

（本页以下无正文）

委托编号：JG18××××　　　　　　　　　　报告编号：JGJC18010××××

××工程检测有限公司鉴定报告

附件：

××××

（图片略）

图1-1 外立面

（本页以下无正文）

委托编号：JG18××××　　　　　　　　　　报告编号：JGJC18010××××

××工程检测有限公司鉴定报告

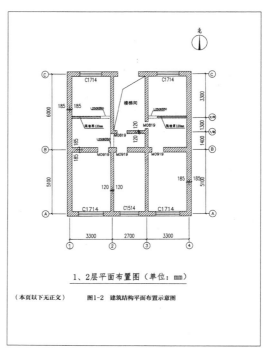

1、2层平面布置图（单位：mm）

（本页以下无正文）　　图1-2 建筑结构平面布置示意图

7.5　房屋监测APP

APP是英文Application的简称，是可以在安装在手机上的软件。房屋检测APP具备手机的随时随身性、互动性特点，通过新技术及数据分析，可实现精准定位于服务对象。下面以浙江某工程检测有限公司房屋人工智能巡检系统的APP为例，介绍房屋监测APP的功能应用。

7.5.1　APP主要功能

1．基础信息功能

监测APP基础信息功能包括建筑信息、权属信息、管理信息、排查信息和附件信息五大模块，可导出建立"一户一档"（图7-10）。

2．实时数据监测功能

实时数据监测功能具备将监测信息图表按实际需要进行倾斜率、倾斜度自由切换，可利用图表和列表切换查看实时监测数据，也可灵活选择时间轴，查看相关监测数据（图7-11）。

图7-10　房屋监测APP

图7-11　实时数据监测

3．房屋定位功能

房屋定位功能可以手动输入房屋位置建立任务或现场位置即时上传，按定位显示可转成导航模式，方便现场实施任务（图7-12）。

4．可视化大屏功能

可视化功能是对汇总人工巡检、设备监测的相关数据进行可视化体现，便于整体任务安排（图7-13）。

5．预警通知功能

预警通过功能主要有：

图7-12　房屋定位

图7-13　可视化大屏

（1）监测人员可根据房屋倾斜初始值灵活设置三级报警阈值；

（2）可自由添加删减报警号码，根据人员定位设定不同的报警等级；

（3）监测值超过预警值，软件实时报警提醒，接收短信报警，可以与工程现场声光报警相结合，实现"三位一体"，预警通知，如图7-14所示。

7.5.2　任务管理流程

APP任务管理主要包含：

（1）后台任务中心新增任务；

（2）根据项目需要新增任务类型；

（3）视情况通过检索栏选择需要巡检的房屋；

（4）根据被巡检房屋的结构类型及实际情况；

（5）选择对应得检查包并指定完成时间（图7-15）。

图7-14　预警通知功能示意图

APP任务管理操作流程：

（1）手机APP端任务中心待执行任务栏中提示有待执行任务，接下来可点击二维码扫描，按键扫描房屋巡更点二维码（图7-16（a）、图7-16（b））；

（2）扫码完成后正式进入任务开始界面，通过建筑相关信息栏确认房屋后点击开始任务键（图7-16（c）、图7-16（d））；

（3）选择相应问题的位置、构件类型、描述问题情况、拍摄问题情况照片，把所有问题收集完后点击提交报告键（图7-16（e）、图7-16（f））；

（4）任务完成（图7-16（g））；

（5）回到手机APP端任务界面，被巡检房屋被划入已完成栏中（图7-16（h））。

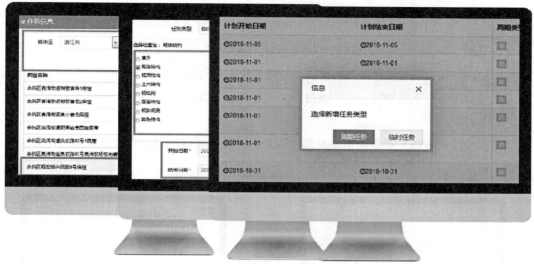

图7-15　任务管理

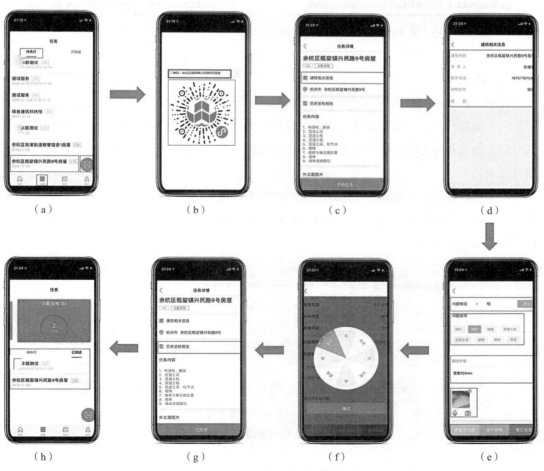

（a）　　　　　　　　（b）　　　　　　　　（c）　　　　　　　　（d）

（h）　　　　　　　　（g）　　　　　　　　（f）　　　　　　　　（e）

图7-16　APP任务管理操作流程

7.5.3 APP项目管理内容

1．定人

在动态监测初期会对所涉及房屋按照地域、小区进行划分，并对所有房屋以幢为单位逐一建立纸质档案与系统档案，在建档过程中指定专业负责人（图7-17）。

2．定岗

根据监测工程师专业性质指定其岗位职责，并分类（仅巡视、仅布控及两者均可执行）建立动态监测工程师档案（图7-18）。

图7-17　定人功能页面　　　　　　　　　图7-18　定岗功能页面

3．定时

将巡检任务根据时间不同分为周期任务与临时任务两个类型（图7-19）。

（1）周期任务：可根据委托方需求按照日、周、月等间隔时间进行巡检，并指定具体实施时间，如未在规定时间内完成将被归到未完成任务中，且后台会马上得知，届时可迅速采取处理措施。

（2）临时任务：可对需要紧急巡检或其他突发情况的房屋进行紧急指派任务，并指定具体实施时间，如未在规定时间内完成任务将被归到未完成任务中，且后台会马上得知，届时可迅速采取处理措施。

周期任务界面　　　　　　　　　临时任务界面

图7-19　任务类型选择界面

4. 定点

在进行逐一建档过程中会根据GPS定位系统中的经纬度对相应房屋在卫星地图上进行定位，并具有唯一性。在系统档案过程后台会自动对应房屋的二维码，而巡检任务开始需要扫描对应的二维码，且对扫描范围进行限定，如果在范围外扫描将无法执行任务（图7-20）。

图7-20　定点任务管理界面

5. 定责

每幢房屋均设有预警联系人，如房屋有异常情况发出报警，后台将第一时间将相关数据以短信的形式推送至预警人员的手机上，预警人员可立刻采取相应措施（图7-21）。

房屋名称	房屋地址	项目名称	水平设备	裂缝设备	沉降设备	操作	
余杭区瓶窑镇兴民路9号房屋	余杭区瓶窑镇兴民路9号	杭州市余杭区瓶窑镇第一批动态监测项目（2栋）	1	1	0	删除 编辑 警戒线设置 安装点位	预警联系人

用户名	姓××	手机号	身份证号	账号类型	操作
tuyet	周××	××	××	仅布控	删除 编辑 重置密码
qwe1	李××	××	××	仅布控	删除 编辑 重置密码
buxiangqing	吴××	××	××	仅巡检	删除 编辑 重置密码
liu1	刘××	××	××	仅巡检	删除 编辑 重置密码
zhangtian	张××	××	××	仅巡检	删除 编辑 重置密码
heqian	何××	××	××	巡检&布控	删除 编辑 重置密码
xiachao	黄××	××	××	巡检&布控	删除 编辑 重置密码
jiangxiong	江××	××	××	巡检&布控	删除 编辑 重置密码
luoqi	罗××	××	××	巡检&布控	删除 编辑 重置密码
zhang	张××	××	××	巡检&布控	删除 编辑 重置密码

图7-21　定责功能页面

装修房成品保护与整改 8

本章要点

本章主要阐述全装修住宅、成品住宅和成品保护的概念，成品保护范围、要求和不同位置的常见保护措施。

知识目标

掌握成品保护概念；掌握不同位置常见保护措施；熟悉全装修与精装修区别；熟悉成品房整改措施。

能力目标

能撰写简单的成品保护专项方案；能提出成品房整改方案；能检验成品住宅质量并提出保护措施。

【引例】

万科房产集团在万科城一期工地开放日接待29户客户投诉，住宅质量问题统计图如图8-1所示，占问题总数70%的客户投诉质量问题（图8-1中圈出部分），几乎都与产品保护有关，为此，万科历时三个月，花费15万元完成成品保护整改。

制定成品保护措施是为了最大限度地消除和避免成品在施工过程中的污染和损坏，以达到减少和降低成本，提高成品一次合格率、一次成优率的目的。

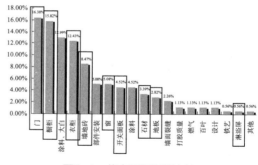

图8-1　住宅质量问题占比

8.1　概述

8.1.1　成品住宅

"成品住宅"是相对于"毛坯住宅"而言的，也称"全装修住宅"，是指"住宅在出售前，人们起居、卫生、饮食、学习等基本生活需求的功能空间一次合理设计并设置完成；水、电点位及设备所需配套端口一次设计并安装到位，顶棚、墙面、地面全部粉刷、镶嵌、铺装完成，厨房和卫生间的必要设备及用具安装完成，入住后能直接使用的住宅"。

2002年，建设部出台的《商品住宅装修一次到位实施导则》（后简称《实施导则》）规定"住宅装修设计是住宅建筑设计的延续，应强化与土建设计的相互衔接，住宅装修设计应在住宅主体施工动工前进行。"也就是说全装修住宅的土建安装与住宅装修必须进行一体化设计、施工，其内涵是通过"标准化、模数化、通用化"设计，"材料、部品的工业化集成"、土建装修一体化设计、施工监理，以提高质量、提高效率、降低成本为目标建造的成品住宅。《实施导则》同时规定"全装修成品做到住宅内部所有功能空间全部装修一次到位，必须达到购房时入住即可使用的标准。"所以全装修住宅的交付标准真正达到了住宅的成品化，而不再是半成品的"毛坯房"。

8.1.2 成品保护

成品保护是贯穿施工全过程的关键性工作。做好成品保护工作，是在施工过程中要对已完工分项进行保护。成品保护是施工管理重要组成部分，是工程质量管理、项目成本控制和现场文明施工的重要内容。

成品保护目的是为了最大限度地消除和避免成品在施工过程中的污染和损坏，以达到减少和降低成本，提高成品一次合格率和一次成优率，减少由于产品保护引起的工程质量问题，提升产品质量，降低工程成本，提升客户满意度。

8.1.3 成品保护范围

（1）墙面、顶棚、楼地面装饰、地毯、石材、钢铝制品、门窗及玻璃幕墙，楼梯饰面及扶手，地下室、卫生淋浴间及防水工程等。

（2）插座、开关、暖气片、空调风口、卫生洁具、厨房器具、灯具、阀门、水箱、设备配件、智能化等。

8.1.4 成品保护工作内容

（1）成品保护责任划分，并落实到岗，落实到人。
（2）制定成品保护的重点内容和成品保护的实施计划。
（3）分阶段制定成品保护措施方案和实施细则。
（4）制定成品保护的检查制度、交叉施工管理制度、交接制度、考核制度、奖罚责任制度等。

8.2 常见成品保护措施

8.2.1 成品保护的一般要求

在严格按顺序施工，先上后下，先湿后干，严格防止地面到处流水。地面装修完工后，各工种的高凳架子、台钳等工具原则上不许再进入房间。最后在刷油漆及安装灯具时，梯子脚要包胶皮，操作人员及其他人员进楼必须穿软底鞋，在完一间、锁一间的施工工艺流程基础上进行成品保护措施。

上道工序与下道工序之间要办理交接手续，证明上道工序完成后方可进行下道工序。

各楼层设专人负责成品保护，装修安装阶段，每个楼层安排2人检查。各专业队伍必须设专人负责成品保护。

成品保护小组每周至少举行一次协调会，集中解决发现的问题，指导、督促各单位开展成品保护工作，并协调好相互工作的成品、半成品保护工作。

8.2.2 常见成品保护措施

1. 窗台大理石

保护措施：满铺成品瓦楞纸板，如图8-2所示。

成品保护：验收合格后，仔细清理大理石表面、拼缝及拼角部位的垃圾杂物，之后用干净棉布清除表面灰尘。清洁完毕，用适宜尺寸的成品瓦楞纸板折成L形，覆盖在大理石窗台表面，覆盖时必须确保大理石完全被包覆。在纸板交接处及转角处，需用胶带固定。

图8-2 窗台大理石保护措施

保洁注意事项：在大理石产品清洁时禁用有腐蚀性的清洁剂、易褪色的干净棉布（回丝）等擦拭表面。应用干净不褪色的抹布或毛巾擦拭干净即可，不能用铲刀、钢丝球等工具在表面铲擦，一般以擦拭灰尘为主。

2. 厨、卫地砖

保护措施：满铺成品瓦楞纸板，如图8-3所示。

成品保护：施工后及时清除地砖表面泥浆及垃圾，待表面干爽后用填缝剂将拼缝填满、擦顺。清洁完毕，用适宜尺寸的成品瓦楞纸板覆盖在地砖表面，覆盖时必须确保完全覆盖。在纸板交接处及转角处，需用胶带固定。

图8-3 地砖保护措施

保洁注意事项：在清洁瓷砖类产品时禁用有颜色的清洁剂、易褪色的干净棉布（回丝）等擦拭表面。用干净不褪色的抹布或毛巾擦拭干净即可，不能用铲刀、钢丝球等工具在瓷砖表面铲擦，一般以擦拭灰尘为主。

3．地板

保护措施：用地板保护薄膜满铺后，再用瓦楞纸板满铺，所有拼缝用透明胶带密封，如图8-4所示。

成品保护：验收合格后，由地板施工单位将地板表面打扫干净、满铺地板保护膜、瓦楞纸板做保护。

保洁注意事项：地板表面保洁时不宜用湿拖把，禁止使用铲刀、美工刀等铲刮。应先用地板专用拖把将灰尘清除，个别污染部位洒少量水湿润几分钟后用湿布擦除即可。忌用稀释剂、松香水、二甲苯、酒精、脱漆剂等液体接触地板，防止产生化学反应，损伤油漆表面。

图8-4 地板保护措施

4．电梯轿厢

保护措施：除灯具、开关部位外，用细木工板满封，如图8-5所示。

成品保护：验收合格后，使用原专用保护膜满贴，在此基础上用细木工板满封，进一步强化保护效果。

图8-5 电梯保护措施

使用管理：由指派持有电梯驾驶操作证的专人操作电梯。细部整改对电梯部位影响较小，需要保持轿厢内清洁卫生、不超载、材料袋装即可。

保洁注意事项：保洁时禁用腐蚀性溶液，避免蚀伤不锈钢表面及塑料配件，用干净棉布湿水擦拭即可。

5．电梯门套（石材）

保护措施：用成品瓦楞纸板根据石材造型满贴，高度2m，如图8-6所示。

成品保护：验收合格后清除石材拼缝及拼角部位的垃圾杂物，用干净棉布清除石材表面灰尘。用适宜尺寸的成品瓦楞纸板拆成门套形状，用胶带固定在外侧瓷砖上。应在转角部位用稍硬板条加强保护，防止材料进出电梯时损坏石材。

保洁注意事项：避免使用有颜色和酸、碱性的清洁剂清洁石材，因为有色液体会被石材表面毛细孔吸收引起颜色污染。

图8-6 电梯保护措施

6．进户门

保护措施：成品瓦楞纸板满贴，如图8-7所示。

成品保护：门扇安装过程中应避免损伤保护膜，确保保护膜完整、无裸露。门扇安装完成并验收合格后，及时用成品瓦楞纸板满贴在进户门表面，用胶带固定，确保整体平整，无破损、翘角现象。

图8-7　进户门（左）和玻璃镜面（右）保护措施

保洁注意事项：严禁使用油漆稀释剂、脱漆松香水、二甲苯等溶液擦拭油漆表面。不得用金属工具铲擦门扇表面，防止表面产生划痕，用干布擦拭灰尘即可。

7．卫生间镜子

保护方式：用泡沫保护膜满贴，如图8-7所示。

成品保护：在泡沫保护膜满贴保护的基础上，最好能用塑料护角套装在锐角部位以减少损坏可能性。

8．卫生间

卫浴龙头保护措施：用原包装袋包裹；坐便器保护措施：用原包装箱覆盖；浴缸保护措施：用细木工板覆盖，如图8-8所示。

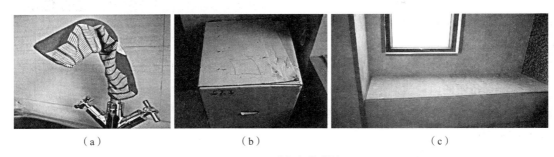

（a）　　　　　　　（b）　　　　　　　（c）

图8-8　卫生间保护措施

（a）水龙头；（b）坐便器；（c）浴缸

水龙头成品保护：安装中要用厚棉布垫在工具与龙头之间，避免受力不均导致龙头表面压伤、表面起毛刺等损伤。安装完成后，用原包装袋套在龙头上，并用绳子固定。

坐便器成品保护：注意保留原包装物，安装完成后用原包装包裹马桶。不得在保护纸壳上面堆放材料，或把保护纸壳移作他用。

浴缸成品保护：保留釉面部位的原包装物，用胶带固定。后期安装的配件一般在保洁前一周安装，过早安装会给成品保护和防盗带来不便。浴缸安装结束、验收合格后方可进行下道工序施工（如瓷砖收边、浴缸保护）。

保洁注意事项：不得使用粗糙工具，如钢丝球、毛刷等物品接触五金件表面。不得使用

酸、碱性及有腐蚀性的清洁剂，用干净棉布
湿润后轻擦即可。

9．厨、卫墙砖阳角

保护措施：成品瓦楞纸板折成90°角，
用透明胶固定保护，如图8-9所示。

成品保护：墙砖镶贴施工中及时擦掉表
面泥浆及垃圾，待表面干爽后用填缝剂将
45°拼角缝隙填满、擦顺。墙砖镶贴完成、
验收合格后第三日用质地稍硬一点的板条或
瓦楞纸板从两边将阳角保护好，防止施工过程中碰撞砖角。

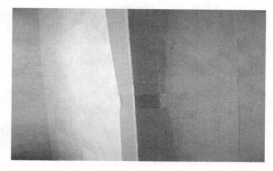

图8-9　墙砖保护

保洁注意事项：在清洁瓷砖类产品时禁用有颜色的清洁剂和易褪色的干净棉布（回丝）
等擦拭表面，更不能用铲刀、钢丝球等工具在瓷砖表面铲擦，用干净不褪色的抹布或毛巾擦
拭干净即可。

10．五金件与开关、插座

保护措施：五金件用原包装物包裹，开关、插座面板用美纹纸包裹，如图8-10所示。

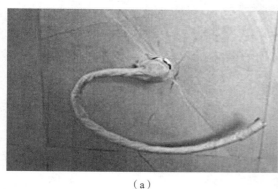

（a）　　　　　　　　　　　　　　　　（b）

图8-10　五金件与面板保护

（a）五金件；（b）开关、插座面板

成品保护：五金件安装完成、验收合格后，用原包装物包裹保护；开关、插座面板安装
中避免工具对面板表面造成划痕。面板安装完成、对表面污染进行清除后，用美纹纸满包
保护。

保洁注意事项：禁用钢丝球、毛刷等接触五金件表面，不得使用酸、碱性及有腐蚀性的
清洁剂，用干净棉布湿润后轻擦即可。

11．橱柜

保护措施：用防潮纸满铺，如图8-11所示。

成品保护：安装过程中注意保留原橱柜表面保护膜，橱柜安装完成、将台面污染清除后

图8-11　橱柜保护

及时用防潮膜满铺保护。

保洁注意事项：不得使用腐蚀质溶液，用干净不褪色的抹布或毛巾擦拭干净即可。

8.2.3　成品保护常用材料

成品保护常用材料如图8-12所示。

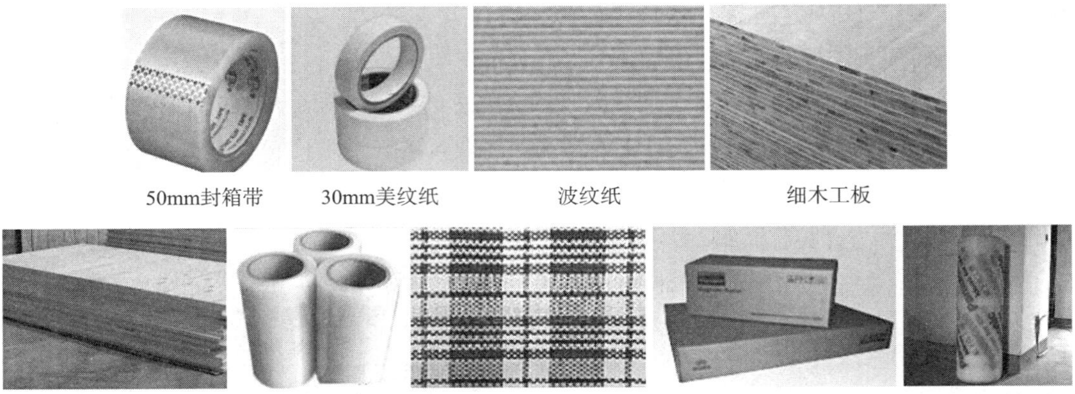

50mm封箱带　　30mm美纹纸　　　　波纹纸　　　　　细木工板

 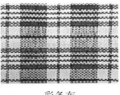 

多层板　　　塑料保护膜　　　彩条布　　　　硬纸板　　　公司泡沫保护膜

图8-12　成品保护材料

8.3　成品房整改

8.3.1　成品房整改基本要求

物业公司或业主在先期验房过程中发现的问题，必须在正式交付入住前进行整改或修补，称为成品质量整改。整改过程中需派专人负责，记录并监督整改过程。表8-1为"杭州某住宅小区"成品保护与整改人员的职责要求。

成品保护与整改人员职责要求　　　　　　　　　　　表8-1

序号	内容
1	1）到达分管房间后，负责开窗通风； 2）检查户内设备设施等是否齐全、完好，并做好记录
2	1）负责管理施工单位每日进出人员的登记（施工单位必须凭当日派工单进入维修，隔天作废）； 2）施工人员离开时，成品保护员必须进行检查没问题后方可让其离开，做好现场管理工作
3	监督进户人员穿鞋套进入户内，确保户内拖鞋及鞋套的备量充足，并将其摆放整齐
4	监督进户施工人员将工具放于铺垫的软布之上，所有大件物品需用软布包角后，方可让其施工
5	负责监督进户人员不得在户内吸烟，禁止使用业主户内坐便器
6	下班前需关闭分管房间内水、电、总闸开关、门窗及进户门

8.3.2　成品整改工作图例（图8-13~图8-32）

图8-13　修补幕墙

图8-14　地插整改

图8-15　直饮水安装（一）

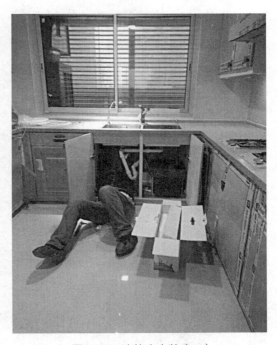

图8-16　直饮水安装（二）

图8-17 弱电安装

图8-18 橱柜安装

图8-19 大理石抛光清洗

图8-20 打扫阴角线

图8-21 墙角裂缝

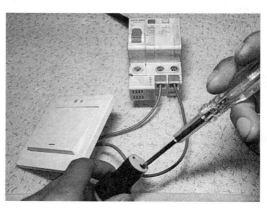

图8-22 线路整改

图8-23 顶棚整改

图8-24 设备间线路整改

图8-25 窗户（框）整改清理

图8-26 厨房整改

图8-27 大理石裂缝

图8-28 墙纸裂缝

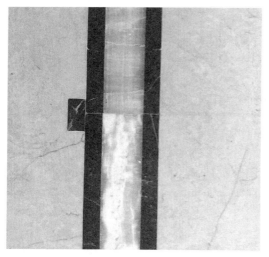

图8-29 大理石色差

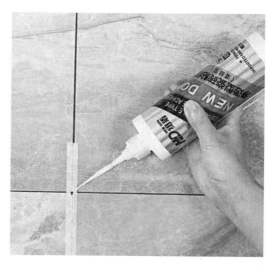

图8-30 地砖修补

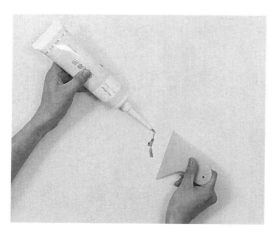

图8-31 墙面修补

图8-32 顶棚打胶

8.4 操作训练

8.4.1 任务：某全装修住宅成品保护与整改

（1）撰写成品保护专项方案。

（2）全装修住宅成品保护常见问题与改进措施。

（3）撰写成品整改简要方案，并按工单监督装修公司施工。

成品整改在指定装修公司后，应将整改方案上报。装修公司整改人员应凭派工单进行，见表8-2。

某项目成品整改派工单　　　　　　　　　　　　　表8-2

项目名称：　　　　　　　　　　　　　　　　　　　填写日期：

接单单位	
接单时间	
施工地点	
维修工种	
派工内容	
施工周期	

派工人（签字）：　　　　　　　　　　　　　　物业签字（盖章）：

8.4.2　具体操作

（1）指出下列位置保护存在问题，提出保护措施。

1）地砖（图8-33）

2）地板（图8-34）

图8-33　地砖保护情况

图8-34　地板保护情况

3）栏杆（图8-35）

4）窗台（图8-36）

5）入户电梯厅（图8-37）

6）地漏（图8-38）

图8-35　栏杆保护情况

图8-36　窗户保护情况

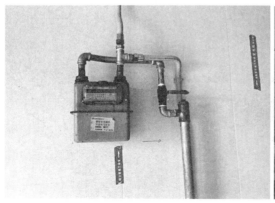

图8-37　入户电梯厅保护情况

图8-38　地漏保护情况

（2）将问题和保护措施填入表8-3。

相关问题与保护措施表 表8-3

序号	位置		问题	措施
1	地砖	左	地砖保护不足	外层覆盖波纹纸或细木工板，内层垫泡沫防护膜
		右	地砖未保护	

附录

附录1 GB 50353—2013（节选）计算建筑面积的规定：

1．建筑物的建筑面积应按自然层外墙结构外围水平面积之和计算。结构层高在2.20m及以上的，应计算全面积；结构层高在2.20m以下的，应计算1/2面积。

2．建筑物内设有局部楼层时，对于局部楼层的二层及以上楼层，有围护结构的应按其围护结构外围水平面积计算，无围护结构的应按其结构底板水平面积计算，且结构层高在2.20m及以上的，应计算全面积，结构层高在2.20m以下的，应计算1/2面积。

3．对于形成建筑空间的坡屋顶，结构净高在2.10m及以上的部位应计算全面积；结构净高在1.20m及以上至2.10m以下的部位应计算1/2面积；结构净高在1.20m以下的部位不应计算建筑面积。

4．对于场馆看台下的建筑空间，结构净高在2.10m及以上的部位应计算全面积；结构净高在1.20m及以上至2.10m以下的部位应计算1/2面积；结构净高在1.20m以下的部位不应计算建筑面积。室内单独设置的有围护设施的悬挑看台，应按看台结构底板水平投影面积计算建筑面积。有顶盖无围护结构的场馆看台应按其顶盖水平投影面积的1/2计算面积。

5．地下室、半地下室应按其结构外围水平面积计算。结构层高在2.20m及以上的，应计算全面积；结构层高在2.20m以下的，应计算1/2面积。

6．出入口外墙外侧坡道有顶盖的部位，应按其外墙结构外围水平面积的1/2计算面积。

7．建筑物架空层及坡地建筑物吊脚架空层，应按其顶板水平投影计算建筑面积。结构层高在2.20m及以上的，应计算全面积；结构层高在2.20m以下的，应计算1/2面积。

8．建筑物的门厅、大厅应按一层计算建筑面积，门厅、大厅内设置的走廊应按走廊结构底板水平投影面积计算建筑面积。结构层高在2.20m及以上的，应计算全面积；结构层高在2.20m以下的，应计算1/2面积。

9．对于建筑物间的架空走廊，有顶盖和围护设施的，应按其围护结构外围水平面积计算全面积；无围护结构、有围护设施的，应按其结构底板水平投影面积计算1/2面积。

10．对于立体书库、立体仓库、立体车库，有围护结构的，应按其围护结构外围水平面积计算建筑面积；无围护结构、有围护设施的，应按其结构底板水平投影面积计算建筑面积。无结构层的应按一层计算，有结构层的应按其结构层面积分别计算。结构层高在2.20m及以上的，应计算全面积；结构层高在2.20m以下的，应计算1/2面积。

11．有围护结构的舞台灯光控制室，应按其围护结构外围水平面积计算。结构层高在

2.20m及以上的，应计算全面积；结构层高在2.20m以下的，应计算1/2面积。

12．附属在建筑物外墙的落地橱窗，应按其围护结构外围水平面积计算。结构层高在2.20m及以上的，应计算全面积；结构层高在2.20m以下的，应计算1/2面积。

13．窗台与室内楼地面高差在0.45m以下且结构净高在2.10m及以上的凸（飘）窗，应按其围护结构外围水平面积计算1/2面积。

14．有围护设施的室外走廊（挑廊），应按其结构底板水平投影面积计算1/2面积；有围护设施（或柱）的檐廊，应按其围护设施（或柱）外围水平面积计算1/2面积。

15．门斗应按其围护结构外围水平面积计算建筑面积，且结构层高在2.20m及以上的，应计算全面积；结构层高在2.20m以下的，应计算1/2面积。

16．门廊应按其顶板的水平投影面积的1/2计算建筑面积；有柱雨篷应按其结构板水平投影面积的1/2计算建筑面积；无柱雨篷的结构外边线至外墙结构外边线的宽度在2.10m及以上的，应按雨篷结构板的水平投影面积的1/2计算建筑面积。

17．设在建筑物顶部的、有围护结构的楼梯间、水箱间、电梯机房等，结构层高在2.20m及以上的应计算全面积；结构层高在2.20m以下的，应计算1/2面积。

18．围护结构不垂直于水平面的楼层，应按其底板面的外墙外围水平面积计算。结构净高在2.10m及以上的部位，应计算全面积；结构净高在1.20m及以上至2.10m以下的部位，应计算1/2面积；结构净高在1.20m以下的部位，不应计算建筑面积。

19．建筑物的室内楼梯、电梯井、提物井、管道井、通风排气竖井、烟道，应并入建筑物的自然层计算建筑面积。有顶盖的采光井应按一层计算面积，且结构净高在2.10m及以上的，应计算全面积；结构净高在2.10m以下的，应计算1/2面积。

20．室外楼梯应并入所依附建筑物自然层，并应按其水平投影面积的1/2计算建筑面积。

21．在主体结构内的阳台，应按其结构外围水平面积计算全面积；在主体结构外的阳台，应按其结构底板水平投影面积计算1/2面积。

22．有顶盖无围护结构的车棚、货棚、站台、加油站、收费站等，应按其顶盖水平投影面积的1/2计算建筑面积。

23．以幕墙作为围护结构的建筑物，应按幕墙外边线计算建筑面积。

24．建筑物的外墙外保温层，应按其保温材料的水平截面积计算，并计入自然层建筑面积。

25．与室内相通的变形缝，应按其自然层合并在建筑物建筑面积内计算。对于高低联跨的建筑物，当高低跨内部连通时，其变形缝应计算在低跨面积内。

26．对于建筑物内的设备层、管道层、避难层等有结构层的楼层，结构层高在2.20m及以上的，应计算全面积；结构层高在2.20m以下的，应计算1/2面积。

27．下列项目不应计算建筑面积：

（1）与建筑物内不相连通的建筑部件；

（2）骑楼、过街楼底层的开放公共空间和建筑物通道；

（3）舞台及后台悬挂幕布和布景的天桥、挑台等；

（4）露台、露天游泳池、花架、屋顶的水箱及装饰性结构构件；

（5）建筑物内的操作平台、上料平台、安装箱和罐体的平台；

（6）勒脚、附墙柱、垛、台阶、墙面抹灰、装饰面、镶贴块料面层、装饰性幕墙，主体结构外的空调室外机搁板（箱）、构件、配件，挑出宽度在2.10m以下的无柱雨篷和顶盖高度达到或超过两个楼层的无柱雨篷；

（7）窗台与室内地面高差在0.45m以下且结构净高在2.10m以下的凸（飘）窗，窗台与室内地面高差在0.45m及以上的凸（飘）窗；

（8）室外爬梯、室外专用消防钢楼梯；

（9）无围护结构的观光电梯；

（10）建筑物以外的地下人防通道，独立的烟囱、烟道、地沟、油（水）罐、气柜、水塔、贮油（水）池、贮仓、栈桥等构筑物。

附录2 《物业承接查验办法》(建房2010〔165号〕)(节选)

第二条 本办法所称物业承接查验,是指承接新建物业前,物业服务企业和建设单位按照国家有关规定和前期物业服务合同的约定,共同对物业共用部位、共用设施设备进行检查和验收的活动。

第六条 建设单位与物业买受人签订的物业买卖合同,应当约定其所交付物业的共用部位、共用设施设备的配置和建设标准。

第七条 建设单位制定的临时管理规约,应当对全体业主同意授权物业服务企业代为查验物业共用部位、共用设施设备的事项做出约定。

第十九条 现场查验应当形成书面记录。查验记录应当包括查验时间、项目名称、查验范围、查验方法、存在问题、修复情况以及查验结论等内容,查验记录应当由建设单位和物业服务企业参加查验的人员签字确认。

第二十七条 分期开发建设的物业项目,可以根据开发进度,对符合交付使用条件的物业分期承接查验。建设单位与物业服务企业应当在承接最后一期物业时,办理物业项目整体交接手续。

第三十条 建设单位和物业服务企业应当将物业承接查验备案情况书面告知业主。

第三十一条 物业承接查验可以邀请业主代表以及物业所在地房地产行政主管部门参加,可以聘请相关专业机构协助进行,物业承接查验的过程和结果可以公证。

第三十五条 物业服务企业应当将承接查验有关的文件、资料和记录建立档案并妥善保管。物业承接查验档案属于全体业主所有。

第三十八条 建设单位不得以物业交付期限届满为由,要求物业服务企业承接不符合交用条件或者未经查验的物业。公共部位、共用设施设备缺陷给业主造成损害的,物业服务企业应当承担相应的赔偿责任。

第四十一条 物业承接查验活动,业主享有知情权和监督权。

第四十八条 本办法自2011年1月1日起施行。

参考文献

［1］中华人民共和国住房和城乡建设部．建筑地基检测技术规范：JGJ 340—2015［S］．北京：中国建筑工业出版社，2015．

［2］中华人民共和国住房和城乡建设部．建筑基桩检测技术规范：JGJ 106—2014［S］．北京：中国建筑工业出版社，2014．

［3］中华人民共和国住房和城乡建设部，国家市场监督管理总局．建筑结构检测技术标准：GB/T 50344—2019［S］．北京：中国建筑工业出版社，2020．

［4］中华人民共和国住房和城乡建设部，中华人民共和国国家质量监督检验检疫总局．混凝土结构现场检测技术标准：GB/T 50784—2013［S］．北京：中国建筑工业出版社，2013．

［5］中华人民共和国住房和城乡建设部，中华人民共和国国家质量监督检验检疫总局．砌体工程现场检测技术标准：GB/T 50315—2011［S］．北京：中国建筑工业出版社，2011．

［6］中华人民共和国住房和城乡建设部．回弹法检测混凝土抗压强度技术规程：JGJ/T 23—2011［S］．北京：中国建筑工业出版社，2011．

［7］中国工程建设标准化协会．超声回弹综合法检测混凝土强度技术规程：CECS 02—2005［S］．北京：中国计划出版社，2005．

［8］中华人民共和国住房和城乡建设部．钻芯法检测混凝土强度技术规程：JGJ/T 384—2016［S］．北京：中国建筑工业出版社，2016．

［9］蒋建清，张小军．地基基础［M］．长沙：中南大学出版社，2013．

［10］王雅丽．土力学与地基基础［M］．重庆：重庆大学出版社，2011．

［11］时柏江．建筑结构与地基基础工程检测案例手册［M］．上海：上海交通大学出版社，2018．

［12］陈建明．房屋安全鉴定实务［M］．北京：中国建筑工业出版社，2014．

［13］程峰．建筑工程质量问题及事故实录［M］．北京：中国建筑工业出版社，2011．

［14］理想宅编辑部．漫话验房［M］．北京：机械工业出版社，2014．

［15］建设部．关于开展旧住宅区整治改造的指导意见［Z］．北京，2007．

［16］印优辉．职业技能培训教材——室内空气检测［M］．北京：中国劳动社会保障出版社，2016．

［17］徐伟，刘志坚．现代建筑室内空气检测技术［M］．天津：天津大学出版社，2016．

［18］刘艳华，等．室内空气质量检测与控制［M］．北京：化学工业出版社，2013．

［19］中国建筑学会建筑经济分会全国房地产经营与估价专业工作委员会组．房屋查验与检

测［M］. 北京：中国建筑工业出版社，2014.

［20］住房和城乡建设部科技发展促进中心，北京筑福国际工程技术有限责任公司. 砌体结构房屋抗震加固技术的改进及应用［M］. 北京：中国建筑工业出版社，2016.

［21］中华人民共和国住房和城乡建设部. 建筑装饰装修工程成品保护技术标准：JGJ/T 427—2018［S］. 北京：中国建筑工业出版社，2018.

［22］武树春. 住宅工程质量分户验收指南与实例［M］. 北京：中国建筑工业出版社，2006.

［23］中华人民共和国住房和城乡建设部. 建筑工程建筑面积计算规范：GB/T 50353—2013［S］. 北京：中国建筑工业出版社，2014.